道路橋床版の長寿命化を目的とした橋面コンクリート舗装ガイドライン 2020

土木学会

Guideline of Concrete Overlays for Extending Service Life of Bridge Decks 2020

October 2020

Published by

Sub-committee on Advanced Inspection, Diagnosis and Life Extension Technologies for Highway Bridge Decks

Committee on Steel Structures

Japan Society of Civil Engineers

序

　わが国の舗装の歴史を振り返ると，最近は採用が少なくなったコンクリート舗装は，1960年ごろまでは約30％のシェアを持っていたが，現在は極めて少なくなっている．コンクリート舗装の採用が減少した大きな要因は，アスファルト舗装が高度経済成長期に要求された急速施工が可能であったことや，平たん性の確保や損傷対応が容易なことであり，この要因に対するアスファルト舗装の優位性から採用が一機に広がった．道路橋への橋面舗装についてもこの流れと同じである．

　このようにアスファルト舗装が主体になっているわが国ではあるが，最近，コンクリート舗装が見直されるようになり採用が増えつつある．これは，コンクリート舗装の経過年と劣化の関係についての調査が行われ高い耐久性を有することがわかってきたことと，種々の環境問題への適応性がよいことに加え，最新の技術が盛り込まれたマニュアル類が整備されてきたことによる．橋梁床版上のコンクリート舗装については，調査結果によると寒冷地の一部で補修が行われているものの，おおむね機能に支障を生じていない健全な状態を保っており，一般の土工部のコンクリート舗装同様に耐久性が高いものと推測されている．このような高い耐久性を有しながらも，採用への障害となっている急速施工の課題に対して，最近の技術としてポリマーやレジンなどの有機材料の使用が普及し，また，1dayコンクリートといった技術革新が進み，技術的には対応が可能になってきている．

　一方で，米国においては橋面舗装の主体はコンクリート舗装であり，橋梁における舗装はアスファルトが主体の日本と逆である．わが国における床版の損傷は，輪荷重による疲労に加えて，最近は塩害，ASRなど複合劣化による損傷が多く報告されるようになり，これらの損傷は1970年代の米国と類似した状況である．この時代に，米国においても防水層で床版の耐久性を確保しようと試みられたが，当時の防水層の防水効果が十分ではなく，逆に床版の早期劣化の原因となったことから，橋面にはアスファルト舗装を行わないほうがよいとの考えが定着した．さらに，床版点検の容易さや防水層を含めた建設コストからも，米国ではコンクリート舗装が優位と考えられている．また，米国では床版の維持管理費は道路維持管理費の50〜85％を占めており，損傷した床版の合理的な補修方法が求められ，また，床版の延命化・長寿命化を目的とする新材料や新工法が適用されるようになっている．

　わが国では，五年に一度の橋梁点検が義務付けられ，地方自治体では長寿命化修繕計画に基づいた維持管理のPDCAサイクルを回す仕組みが整備されつつある．このPDCAサイクルを進めていくうえで，米国の場合と同様に，新材料や新工法の適用により床版の維持管理費の低減を図ることが，今後求められるものと推測される．このような観点から，当小委員会前身の土木学会鋼構造委員会・道路橋床版の複合劣化に関する研究小委員会（委員長：大田孝二）では，その技術のひとつとして橋面コンクリート舗装の適用性についての検討を行い，2016年8月に，セメント協会・舗装技術専門委員会，太平洋セメント株式会社，京都府大山崎町の協力を得て，実橋の「天王山古戦橋」で試験施工を実施し，2016年11月に「道路橋床版の橋面コンクリート舗装」を小委員会の成果としてとりまとめた．本小委員会では，上記の試験施工における性能試験と追跡調査の結果を整理するとともに，橋面コンクリート舗装に適する材料を公募し，選定された複数の工法について施工性と要求性能を確認する共通試験を実施し，2019年10月に富山市の協力を得て，実橋の「新屋橋」において試験施工を重ねた．

　以上の経緯を経て本小委員会では，道路橋の橋面コンクリート舗装に対する要求性能を提案し，それを満足するための設計方法，材料選定，施工方法，維持管理方法を「道路橋床版の長寿命化を目的とした橋面コンクリート舗装ガイドライン2020」としてまとめた．また，本ガイドラインを補足する情報として，資料編

で 1) 日本，米国，韓国における橋梁床版上のコンクリート舗装の現状 2) 公募から選定された工法の共通試験 3) 天王山古戦橋における試験施工 4) 新屋橋における試験施工 5) 輪荷重走行試験を含む載荷試験事例 をとりまとめた.

ところで，橋面コンクリート舗装の適用検討には2つの場合があり，道路橋床版が損傷して補修・補強が必要であると評価・判定された際の対策工法としての部分的あるいは橋面全体への適用検討と，橋面舗装の更新時に舗装自体の長寿命化を図り，同時に床版の耐荷性と耐久性を向上させる予防保全的な適用検討である．前者については本小委員会による「道路橋床版の維持管理マニュアル2020」にて，損傷の要因に応じた対策工法の選定方法が説明されており参考にできるが，後者については道路管理者の判断に委ねられるところが大きい．道路橋床版の維持管理については，路線の重要度により，また損傷要因が大型車交通量の相違や地域性などを有することから，道路管理者によって対応は異なるが，地方の道路橋においてはこの工法が十分に採用可能であると考えられる．いずれの場合にしても，橋面コンクリート舗装の適用検討時，実工事における設計・施工時および維持管理の参考として，本ガイドラインを活用していただければ幸いである.

公益社団法人　土木学会　鋼構造委員会
道路橋床版の点検診断の高度化と長寿命化技術に関する小委員会
委員長　橘　吉宏

公益社団法人 土木学会 鋼構造委員会

道路橋床版の点検診断の高度化と長寿命化技術に関する小委員会

委 員 構 成

委 員 長	橘 吉宏	中日本ハイウェイ・エンジニアリング名古屋
副 委 員 長	東山 浩士	近畿大学
幹 事 長	塩永 亮介	ＩＨＩ
顧 問	松井 繁之	大阪工業大学
〃	堀川 都志雄	元 大阪工業大学
〃	日野 伸一	大分工業高等専門学校
〃	大田 孝二	道路の安全性向上協議会
〃	阿部 忠	日本大学
幹 事	小松 怜史	電力中央研究所
〃	橋本 雅行	日本建設機械施工協会 施工技術総合研究所
〃	本間 雅史	ドーコン
連 絡 幹 事	浅野 貴弘	西日本高速道路
分 科 会 長	緒方 辰男	西日本高速道路
〃	佐藤 貢一	奈良建設
分 科 会 幹 事	大久保 藤和	太平洋マテリアル
〃	久保 圭吾	宮地エンジニアリング
委 員	青野 守	福岡北九州高速道路公社
〃	有馬 敬育	本州四国連絡高速道路
〃	井川 友裕	富山市
〃	石原 禎輔	みらいテクノロジー
〃	一瀬 八洋	鹿島道路
〃	伊藤 清志	鹿島道路
〃	今吉 計二	東京都
〃	薄井 王尚	内外構造
〃	黄木 秀美	ニチレキ
〃	大西 弘志	岩手大学
〃	大山 高輝	ドーコン
〃	郭 度連	ショーボンド建設
〃	梶尾 聡	太平洋セメント
〃	蒲 和也	首都高速道路技術センター
〃	河田 直樹	西日本高速道路エンジニアリング関西
〃	川東 龍則	横河ブリッジホールディングス
〃	神田 利之	ケミカル工事
〃	菅野 勝一	高速道路総合技術研究所
〃	木澤 慎一	大成ロテック
〃	岸良 竜	太平洋セメント
〃	久保 善司	金沢大学
〃	熊崎 貴文	名古屋高速道路公社
〃	小関 裕二	大林道路
〃	小森 篤也	日鉄ケミカル＆マテリアル

【長寿命化技術分科会】

分科会長	佐藤　貢一	奈良建設
分科会幹事	大久保　藤和	太平洋マテリアル

橋面コンクリート舗装 WG

主　　査	橋本　雅行	日本建設機械施工協会　施工技術総合研究所
幹　　事	梶尾　聡	太平洋セメント
委　　員	井川　友裕	富山市
〃	伊藤　清志	鹿島道路
〃	大西　弘志	岩手大学
〃	郭　度連	ショーボンド建設
〃	神田　利之	ケミカル工事
〃	木澤　慎一	大成ロテック
〃	岸良　竜	太平洋セメント
〃	小関　裕二	大林道路
〃	小森　篤也	日鉄ケミカル&マテリアル
〃	柴崎　晃	高速道路総合技術研究所
〃	竹内　一博	みらいテクノロジー
〃	種綿　順一	大成ロテック
〃	三田村　浩	サンブリッジ
〃	安井　亨	エイト日本技術開発
〃	山本　誠	住友大阪セメント
〃	弓木　宏之	日本道路
〃	李　春鶴	宮崎大学
〃	渡邊　宗幸	トクヤマ
オブザーバー	吉本　徹	セメント協会
旧 委 員	植野　芳彦	富山市
〃	菅野　勝一	高速道路総合技術研究所
〃	田中　敏弘	中日本高速道路
〃	兵頭　彦次	太平洋セメント

（五十音順，敬称略）

目　次

【資料編】

第1章　道路橋床版の長寿命化を目的とした橋面コンクリート舗装

1.1　定義と適用範囲

> (1) 橋面コンクリート舗装は，道路橋床版の長寿命化を目的として床版の安全性・使用性・耐久性などを向上させる性能，および走行性能を有する構造体と定義する.
>
> (2) 原則として，鋼道路橋における既設の鉄筋コンクリート床版（既設 RC 床版）を対象とする.

【解説】

(1) 道路橋床版の長寿命化を図るためには，床版の安全性・使用性・耐久性[1]を向上させることが重要であり，交通荷重の繰返し作用に対する床版の耐荷性・疲労耐久性が確保され，劣化因子の侵入を防止することにより長期間にわたり床版に必要な性能を維持することが必要である.

橋面コンクリート舗装は，床版上面にセメント系もしくはレジン系を中心とした材料を打込み，路面まで増厚一体化させることにより，床版の耐荷性・疲労耐久性の向上を図り道路橋床版の長寿命化に寄与することを目的とした構造体とする. さらに，路面から侵入する雨水や凍結防止剤などの劣化因子の浸透に対する高い抵抗性を持たせることにより，床版の環境に対する耐久性を向上させるものである. また，アスファルト舗装よりも長期間の供用が可能であり，修繕の頻度も少なくなることからライフサイクルコストの観点でも有利となることが期待される.

橋面コンクリート舗装において所定の効果を得るために要求される性能としては，床版と橋面コンクリート舗装が一体化することが必要不可欠となる. また，比較的薄層の断面として施工されるため，初期の乾燥によるひび割れの発生および輪荷重によるひび割れの発生・進展が懸念される. したがって，短繊維やポリマー，ひび割れ抑制剤などの混入により，有害なひび割れ発生を抑制し，床版への劣化因子の侵入に対する高い抵抗性（物質浸透抵抗性）を有する必要がある. さらに，走行安全性能や走行快適性能といった走行性能を確保することが必要となる.

なお，既存技術と比較した場合の橋面コンクリート舗装の特徴として，前出のような耐荷性・疲労耐久性の向上や物質浸透抵抗性を有することなど，一般的なコンクリート舗装では求められていない性能を要求している. また，上面増厚工法と比較すると，橋面コンクリート舗装は表層としての供用を前提としており施工後に防水層は設けないことから，走行性能と物質浸透抵抗性を要求していることが特徴となる.

(2) 適用範囲は，鋼道路橋における既設の鉄筋コンクリート床版（既設 RC 床版）である. 現時点では施工実績がないことから，プレストレストコンクリート（PC）床版や合成床版，新設の RC 床版，コンクリート橋は対象としていないが，実験研究や構造解析に基づき十分な精度で性能を評価できる方法が確立された場合においては，必ずしも適用を否定するものではない. また，このガイドラインに示す以外の材料の使用，切削・研掃・接着材の塗布以外の界面処理方法など，新たな材料，設計，施工方法が開発され，施工後の性能を十分な精度で評価できる場合，このガイドラインに示す事項に制限されないものとする.

なお，橋面コンクリート舗装は比較的薄層の断面として施工することを想定しており，具体的には既設舗装の切削オーバーレイ工法，既設コンクリート舗装の増厚オーバーレイ工法としての適用を標準とする. 橋面コンクリート舗装の適用例を**図−解**1.1.1 に示す.

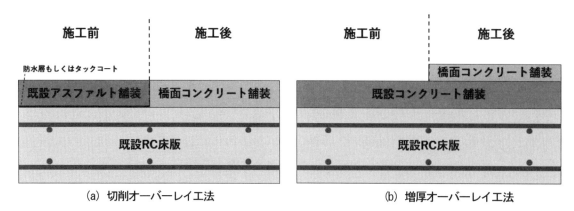

図-解 1.1.1　橋面コンクリート舗装の適用例

1.2　要求性能

---

(1) 床版の一部として機能し，床版の耐荷性・疲労耐久性を向上する.

(2) 劣化因子の侵入を防止する層としての物質浸透抵抗性を有する.

(3) 所要の走行性能を有する.

(4) 床版との十分な付着性能を有し，一体性を有する.

【解説】

　本ガイドラインに規定する橋面コンクリート舗装は，床版の一部，劣化因子の侵入を防止する層，舗装として機能することで床版の長寿命化に寄与するものである. したがって，それぞれの機能を発揮するために必要な性能を要求するものとしている.

　橋面コンクリート舗装に用いるコンクリートは，比較的薄く，交通荷重を直接受ける部材である. 長期間の風雨に暴露され，昼夜の温度変化と交通荷重の繰返し作用も受ける. したがって，橋面コンクリート舗装は設計で要求される基準強度とともに，床版との一体化，耐久性や摩耗に対する抵抗性も要求される.

(1) 橋面コンクリート舗装が，床版の一部として機能し，床版全体として耐荷性および疲労耐久性を向上することを定めたものである.

　橋面コンクリート舗装が床版の一部として機能し，床版の断面性能が向上することで，耐荷性および疲労耐久性の向上が期待できるが，使用する各種材料とその組み合わせによってはその効果が明確ではないため，輪荷重走行試験などにより性能向上が確認されていること，もしくは「コンクリートライブラリー150　セメント系材料を用いたコンクリート構造物の補修・補強指針　上面増厚工法編[2]」を参考にして確認や照査を行う必要がある. なお，コンクリートライブラリー150 はセメント系材料を前提としていることから，「3 章材料」で規定するレジンコンクリートを使用する場合は，実験による性能向上の確認が必要である.

(2) 道路橋の床版は，雨水，凍結融解，塩化物イオン等の環境作用と，車両走行による繰返し荷重の作用の両方の影響を受けるため，それぞれの作用が単一で生じる場合に比べて，耐久性が大きく低下することが明らかになっている.

　一つの環境作用に対する材料としての抵抗性を高める方法のみでは，他の作用に対しては十分でない場

合がある．このような場合は，環境作用と荷重作用の両者が複合して劣化が生じることに対して耐久性を確保するための対策を検討する必要がある．

　橋面コンクリート舗装は，床版のかぶり厚さに舗装厚さが加わり，床版のかぶり厚さを大きくすることができるため，劣化因子に対する抵抗性の向上と繰返し荷重に対する耐荷力の向上が期待できる．しかし，橋面コンクリート舗装に用いるコンクリートは，このような作用から床版を保護するために，雨水や塩化物イオン等の劣化因子の侵入を抑制する物質浸透抵抗性が高いコンクリートである必要がある．床版に用いているコンクリートと同等以上の物質浸透抵抗性を確保する．橋面コンクリート舗装は表層としての供用を前提としており防水層は設けないことから，十分な物質浸透抵抗性と床版のかぶり厚さが大きくなることによって床版防水機能が担保される．

　コンクリートの物質浸透抵抗性が十分高いものであってもひび割れが発生すると，物質浸透抵抗性は著しく低下する．橋面コンクリート舗装は一般に薄い部材として施工され，橋梁の伸縮装置の間には別途の目地は設けないので，収縮によるひび割れが発生する可能性が高まる．したがって，橋面コンクリート舗装は収縮ひび割れに対する抵抗性が高い材料が望ましい．物質浸透抵抗性を著しく阻害する有害なひび割れが生じないように，本ガイドラインの「2章設計」，「3章材料」，「4章施工」に従って十分な検討を行う必要がある．

　なお，物質浸透抵抗性が不足している場合には，物質浸透抵抗性を有した接着材を施工することによりその性能を確保してよい．

(3) 2014年制定舗装標準示方書[3]で，舗装に対する要求性能には，一般に，荷重支持性能，走行安全性能，走行快適性能，表層の耐久性能，環境負荷軽減性能があり，性能照査においては，舗装の使用目的に応じて，これらのうちから適切なものを選定しなければならない，と記載されている．荷重支持性能は路床・路盤などに関する性能であり，橋面には関連しないものである．したがって，橋面コンクリート舗装においては，これらのうちから走行性能に関わるものを選定した．

　なお，走行性能に関わるものとしては2つあり，走行安全性能はすべり抵抗，段差，わだち掘れおよびすり減りで表し，走行快適性能はラフネス（平たん性）および段差で表す．橋面コンクリート舗装は薄層となることから，施工においては機械式のペーパーまたはスクリード（仕上機）を使用することにより道路舗装としての平たん性を確保することが望ましい．すべり抵抗性の確保には，材料そのもので確保する方法や表面のテクスチャで確保する方法，表面への骨材散布などの方法がある．経年変化に関しては，耐摩耗性の高い材料を使用する方法や，摩耗に伴い薄層の樹脂舗装を行う方法，機械式のグラインダーでスリットを刻む方法など供用期間の経済性も鑑みながら選定を行うことが必要である．

(4) 上記の(1) (2) (3)の性能は，床版と橋面コンクリート舗装が一体化していなければ発揮されないことから床版との付着性能を確保することを定めたものである．

　床版との一体性が確保されていない場合は，床版との境界面で剥離の発生および境界面でのずれとその摩擦による砂利化，砂利化の進行によるポットホールや陥没といった変状の発生が懸念される．それらの変状によって，床版の一部としての機能の喪失，床版の砂利化による疲労耐久性の低下，雨水や塩化物イオンなどの劣化因子の侵入，ポットホールや陥没による走行安定性および走行快適性の喪失が発生し性能を確保することができなくなる．

　床版との付着性能には，施工上の十分な配慮が必要であり，橋面コンクリート舗装が多く用いられている米国では，ダイヤモンドグラインディングやウォータージェットで削った後，ショットブラストを行い，

洗浄後速やかに打込みすることが義務づけられている．施工に関しては床版との付着性能を確保するために接着材の使用などの十分な配慮が必要である．

一体性を阻害する要因については，床版のひび割れによるリフレクションクラック，初期収縮や乾燥収縮によるひび割れ，剥離の発生などがある．

床版にひび割れがある場合は，この床版のひび割れに誘発されて，施工後の橋面コンクリート舗装にリフレクションクラックが発生する可能性がある．また，橋面コンクリート舗装は，薄層で初期収縮や乾燥収縮が相対的に大きく，ひび割れが発生しやすい．したがって，これらのリフレクションクラックおよび初期収縮・乾燥収縮ひび割れを抑制もしくは制御できるように，寸法安定性の高い材料や繊維などで補強した材料を選定する必要がある．

床版の下地処理について，使用する下地処理工法によっては，橋面コンクリート舗装と床版の境界面で十分な接着性が得られないことがあり，交通荷重などにより新旧コンクリートの境界面で剥離が発生するため，十分な接着性が得られるように適切な下地処理工法を選定する必要がある．特に施工目地周辺では，乾燥収縮による端部のそり上がりなどにより剥離が発生しやすく，施工目地および施工目地周辺の境界面は，高い接着性が要求されるため接着材の塗布などを検討する必要がある．

【第 1 章　参考文献】

1)　土木学会：2019 年制定 鋼・合成構造標準示方書［維持管理編］, 2019.10.

2)　土木学会：セメント系材料を用いたコンクリート構造物の補修・補強指針, コンクリートライブラリー150, pp.71-79, 2018.6.

3)　土木学会：2014 年制定　舗装標準示方書, 2014.12.

第2章　設　　計

2.1　概　説

橋面コンクリート舗装の設計では，供用期間中に必要とされる要求性能を満足するように，対象とする既設RC床版の状況を十分に把握し，適切な路面設計と材料選定を行い設計する.

【解説】

道路橋床版の長寿命化を目的とした橋面コンクリート舗装を適用するには，事前調査によって既設構造物の損傷状況を把握した上で，道路の路面線形や既設橋梁への影響を把握し，適切な材料を選定して，要求性能を満足するように設計を行う.「設計」の流れを**図-解2.1.1**に示す.

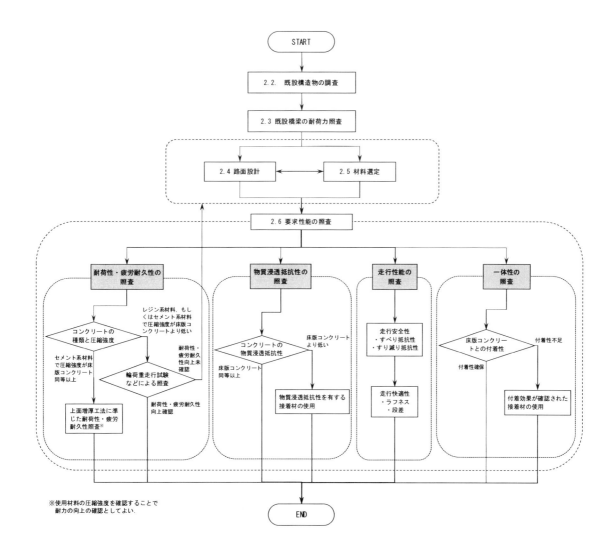

図-解 2.1.1 橋面コンクリート舗装の設計フロー

2.2　既設構造物の調査

> 橋面コンクリート舗装を計画する場合の既設構造物の調査は，道路橋床版の維持管理マニュアル2020[1)]を参考に，文書・記録などの調査と現地における調査を実施する．

【解説】

橋面舗装を対象とした調査基準などは，整理が不十分な状況であることから，既設舗装については各種文献（たとえば，土木学会：2014年制定　舗装標準示方書，日本道路協会：舗装の維持修繕ガイドブック2013）などを参照し調査を実施する．これらの調査に基づき，構造物の状況や環境条件・使用条件を確認するとともに，橋面コンクリート舗装を施工する際の制約条件や問題点を把握する．

2.2.1　文書・記録などにおける調査

> 橋面コンクリート舗装を計画する場合の文書・記録などにおける調査は，以下の観点で既設構造物の設計条件を詳細に把握する．
> ・材料および構造計画の策定
> ・施工計画の策定
> ・施工後の維持管理

【解説】

既設構造物が保有する性能を確認するためには，部材の寸法や鋼材の配置，使用材料などの情報を設計図書や竣工図より把握しておく必要がある．また，橋面コンクリート舗装が直接路面線形に影響するため，道路条件（縦横断線形）についても把握しておく．床版に関しては，その設計年度や基準，設計強度や配筋を確認するとともに，主桁と床版が合成構造か非合成構造かなど設計上の位置づけについても確認する．また，損傷状況を把握するために，点検・調査記録を確認し，すでに床版の補修・補強が実施されている場合は，維持管理記録を確認する．

なお，橋梁によっては，設計時の竣工図書が保存されていない場合があるため，**2.2.2 現地における調査**において実測や各種調査から必要な情報を把握し，必要に応じて復元設計などを行ったうえで既設構造物の状況を把握する．さらに，橋面コンクリート舗装を適用するうえで様々な影響が考えられる既設の排水装置，伸縮装置や高欄などの配置，形状，性能や基準なども事前に確認する．

2.2.2　現地における調査

> 橋面コンクリート舗装を計画する場合の現地における調査は，**2.2.1 文章・記録などにおける調査**により得られた情報を現地で確認するとともに，気象・環境条件，地理的条件などを詳細に把握したうえで，以下の観点により既設RC床版の状況を把握する．
> ・既設RC床版との一体性の確保と劣化因子の侵入状況
> ・施工後の耐久性と劣化予測

【解説】

橋面コンクリート舗装が，要求性能を満足するためには，橋面コンクリート舗装と既設RC床版の一体性が重要であり，既設RC床版に損傷や劣化，ひび割れや漏水状況などが確認された場合は，橋面コンクリー

ト舗装と既設 RC 床版との一体性の確保が懸念されるため，損傷状況を把握して有効な対策を検討する必要がある．また，床版の劣化因子である雨水や凍結防止剤が侵入し，鋼材腐食やコンクリートの砂利化などが生じている場合は，一定範囲の劣化部分を除去しなければ橋面コンクリート舗装と既設 RC 床版の一体化が得られず，損傷状況によっては橋面コンクリート舗装が適用できない場合も想定される．そのため，定期点検記録などによって既設 RC 床版の変状を事前に確認するとともに現地で確認し，必要な項目については，道路橋床版の維持管理マニュアル 2020[1)]を参考に各種現地試験を行い，既設 RC 床版の現状を把握する必要がある．

さらに，長期にわたり橋面コンクリート舗装の性能を確保するためには，供用期間における大型車交通量，気象（積雪・凍結），凍結防止剤の散布や除雪車の有無など，耐久性や劣化予測につながる情報を把握する必要がある．また，橋面コンクリート舗装は，温度・湿度・風速・降雨・降雪などの施工時の環境条件によって，作業性や材料の硬化特性および施工後の品質に大きく影響するため，施工計画の立案は，現地の地理的条件や施工時期の現地の気候も把握するとともに，施工上の制約条件（施工機械や資材の輸送条件，設置条件）についても把握するとよい．

2.3　既設橋梁の耐荷力照査

橋面コンクリート舗装の適用にあたっては，既設橋梁の耐荷性能を確認したうえで行う．

【解説】

橋面コンクリート舗装は，比較的に薄層の構造体であるが，既設舗装と置き換える場合，既設舗装との厚さの差や単位重量差により死荷重が増減することがある．また，既設舗装が既設 RC 床版と一体で施工されているコンクリート舗装の場合，オーバーレイ（増厚施工）することにより死荷重が増加する．

橋面コンクリート舗装を適用するにあたっては，既設橋梁の主橋体および既設 RC 床版について，これら死荷重の変動による耐荷力の安全性を確認して計画を進める必要がある．**2.2 既設構造物の調査**において，竣工図書が確認された場合は，既往設計に従い橋面コンクリート舗装を施工した場合の影響を検討する．竣工図書が保管されておらず，死荷重が増加するような場合は，必要に応じて各種現地調査を行い復元設計などの方法により耐荷力の安全性を確認するのがよい．既設橋梁に適用された基準が古い場合は，設計手法，各種許容値，構造細目などが現行基準と異なるため，総合的に安全性を判断する．

2.4　路面設計

橋面コンクリート舗装の路面設計では，道路線形計画に基づき橋面や橋梁前後の縦横断形状を考慮して適切な舗装厚を確保する．

【解説】

橋面コンクリート舗装は，原則として道路線形計画より決定される縦横断線形から路面形状や舗装厚が決められ，道路利用者の利便性や安全を第一に考え，走行性能としての走行安全性や走行快適性を確保しなければならない．一方で，橋面コンクリート舗装は，使用する材料や施工方法などにより適用できる施工厚に制約がある場合もあるため，舗装厚を優先して橋梁前後の道路線形を変更する可能性なども検討することが求められる．よって，路面の走行安全性や走行快適性を確保しつつ，総合的に路面設計を行う必要がある．

　適用する橋面コンクリート舗装によって，路面仕上がり高が道路線形計画から変更となる場合は，関連する建築限界や構造物（たとえば，地覆形状，防護柵高さ，伸縮装置・排水装置等）について，原則として道路構造令などの各種基準類との整合性に配慮し，橋梁前後の取付け道路との段差の擦りつけ方法，各種機能の確保や高さ調整などについて，あらかじめ対策を検討しておく必要がある．

2.5　材料選定

橋面コンクリート舗装に使用する材料は，要求性能，設計舗装厚，環境条件，施工性や経済性（LCC）に関する制約を踏まえて適切に選定し設計する．

【解説】

　橋面コンクリート舗装に用いるコンクリートや接着材は，設計舗装厚や適用箇所における環境要因（交通量，荷重，凍結防止剤散布の有無，凍結融解作用など）と既設 RC 床版の状況などを考慮して，要求される性能に適合するよう選定する．材料選定にあたっては，「3 章材料」や既往の実績等を参考にするとよい．

　橋面コンクリート舗装は，既設 RC 床版の耐荷性・疲労耐久性の向上を図るとともに，既設 RC 床版への劣化因子（雨水，塩化物イオンなど）の浸透を防止する機能が求められる．したがって，物質浸透抵抗性が高く，既設 RC 床版との一体性を確保するための付着性能を有するコンクリートを選定する必要がある．なお，コンクリート単独では物質浸透抵抗性が不足する場合については，試験で物質浸透抵抗性が確認された接着材を既設 RC 床版の全面に塗布する方法を採用してもよい．ただし，施工した接着材層が設計段階で期待した物質浸透抵抗性を発揮するには，塗りむらやコンクリートの打込みの影響などで接着材の厚さが不十分な箇所が生じないよう，施工段階での配慮が必要である．

　橋面コンクリート舗装は，比較的に薄層でひび割れが生じやすい構造体であり，ひび割れの発生は，既設 RC 床版への劣化因子の侵入や，既設 RC 床版と橋面コンクリート舗装の浮きや剥離の原因となりうる．そのため，ひび割れ抵抗性の高いコンクリートを選定する必要がある．

　橋面コンクリート舗装は，凍結防止剤によるアルカリの供給を直接受けるため，この点も考慮し，特に積雪寒冷地で橋面コンクリート舗装を適用する場合は，供用期間中にアルカリシリカ反応が有害なレベルに達しないように対策を講じる必要がある．

　一般に，アスファルト舗装を橋面コンクリート舗装で置き換えるような場合は，橋面コンクリート舗装の舗装厚は既存のアスファルト舗装厚と同じ 4〜8cm 程度となる．この程度の厚さの橋面コンクリート舗装の場合，コンクリートは，粗骨材を使用したものが選定されることが多い．一方，既設舗装がコンクリート舗装の場合や，死荷重の増加を避けたい場合などは，舗装厚が 2cm 程度ときわめて薄層で計画される場合もあるため，この場合は粗骨材を使用しない薄層に対応したコンクリートを用いる必要がある．

　結合材に超速硬セメントなどの特殊な材料を使用する場合や，ポリマーセメントコンクリート，レジンコンクリートでは，設備上や可使時間の制約からレディーミクストコンクリート工場での製造が難しく，一般的には施工現場に近接した場所で計量器を備えた移動式プラントを使用して，コンクリートが製造されることが多い．橋面コンクリート舗装を選定する際は，コンクリートの製造方法もあらかじめ検討しておく必要がある．また，縦断勾配，横断勾配が大きい場合は，施工中に仕上げ面の変形（ダレ）が生じる可能性があるため，適切なコンシステンシーを有するコンクリートを選定する必要がある．

2.6　要求性能の照査

橋面コンクリート舗装の適用にあたっては，**1.2 要求性能**を満足することを照査する.

【解説】

橋面コンクリート舗装の適用にあたっては，要求性能が確保されていることを確認するため，照査を行うものとする.

(1) 耐荷性・疲労耐久性の照査

橋面コンクリート舗装は床版と一体となって挙動するため，上面増厚工法と同様の合成構造となり，既設 RC 床版以上の耐荷性・疲労耐久性が期待できることから，その耐荷性・疲労耐久性の向上を確認しなければならない. ただし，使用材料とその組合せによる効果は現時点で不明確な場合が多いため，輪荷重走行試験などで性能向上が確認されている工法によるか，「コンクリートライブラリー150　セメント系材料を用いたコンクリート構造物の補修・補強指針　上面増厚工法編[2]」などを参考にして，耐荷性の向上については曲げ耐力や押抜きせん断耐力などの向上，疲労耐久性の向上については押抜きせん断疲労耐力（梁状化した床版の押抜きせん断耐力）などの向上により確認するものとする.

一般に，橋面コンクリート舗装に使用される材料の圧縮強度が既設 RC 床版に使用されているコンクリートの設計圧縮強度以上であれば，曲げ耐力や押抜きせん断耐力，押抜きせん断疲労耐力は向上することから，使用材料の圧縮強度を確認することで耐力の向上を確認してもよい. ただし，上面増厚工法の耐荷性・疲労耐久性の照査方法については，実験的検証が多く行われているセメント系材料を前提としているため，「3 章材料」で規定するレジンコンクリートについては，現時点では輪荷重走行試験などによる確認を行うものとする. 輪荷重走行試験については，資料編 5 を参考にするとよい.

(2) 物質浸透抵抗性の照査

床版への雨水や塩化物イオンの浸透は耐久性を著しく低下させるため，橋面コンクリート舗装には劣化因子の侵入を防止する層としての物質浸透抵抗性を確保しなければならない. そのためには，物質浸透抵抗性が高いコンクリート単独もしくは物質浸透抵抗性を有する接着材との併用により，既設 RC 床版に使用しているコンクリートと同等以上の物質浸透抵抗性を有することを確認する必要がある. なお, 確認方法や評価方法については，「3 章材料」を参考にするとよい.

現在, 物質浸透抵抗性の評価指標としきい値について, 我が国では定められた基準が無いため, 使用している床版コンクリートと同等以上の物質浸透抵抗性を有していることを照査の目安とした. 参考として, 橋梁床版上のコンクリート舗装の歴史が長い米国では, **表-解 2.6.1**[3]に基づき使用材料のグレードを分けて, 物質浸透抵抗性の評価を行っている.

表-解 2.6.1 Chloride Permeability Based on Charge Passed（急速塩化物イオン透過性試験の評価基準）[3]

塩化物イオン透過量 （Coulombs）	塩化物イオン透過性の評価	該当するコンクリート
> 4,000	High	高 W/C （>0.6） 普通ポルトランドセメントコンクリート
2,000 – 4,000	Moderate	中 W/C （0.4-0.5） 普通ポルトランドセメントコンクリート
1,000 – 2,000	Low	低 W/C （<0.4） 普通ポルトランドセメントコンクリート
100 – 1,000	Very Low	Latex modified concrete, ラテックス改質コンクリート Internally sealed concrete
< 100	Negligible	Polymer impregnated concrete, ポリマー含浸コンクリート Polymer concrete, ポリマーコンクリート

　橋面コンクリート舗装を施工したコンクリート床版の物質浸透抵抗性の照査は，コンクリート標準示方書［設計編：本編］8 章の鋼材腐食に対する照査[4]に従うとよい．なお，橋面コンクリート舗装を適用する前の供用段階で既設 RC 床版に塩化物イオンが浸透していることが疑われる場合は，事前にコア採取などにより塩化物イオン量を把握するなどして別途対策を検討する必要がある．

　寒冷地において，コンクリートが凍結融解作用を受ける場合は，コンクリートの凍結融解抵抗性について舗装標準示方書［2014 年制定］第III編[5]に従って確認する．

　橋面コンクリート舗装は，その厚さが薄いために乾燥収縮によるひび割れが生じやすく，橋体の振動，車輪からの衝撃，雨水などの浸透によりひび割れや剥離などの損傷が懸念される．ひび割れや剥離が発生すると，物質浸透抵抗性は著しく低下するため，コンクリートには収縮ひび割れに対する抵抗性が高い材料を既設 RC 床版と一体となるよう施工に配慮する必要がある．物質浸透抵抗性に影響を及ぼすひび割れ幅については，コンクリート標準示方書［設計編：標準］2 編に示された鋼材の腐食に対するひび割れ幅の限界値[6]を用いてよい．一方，コンクリートの初期ひび割れについては，コンクリート標準示方書［設計編：本編］12 章[7]に従って適切な方法で確認する．

（3）走行性能の照査

　橋面コンクリート舗装は，当該道路の位置する地域の気象，その他の状況および交通状況を考慮し，交通荷重などの通常の衝撃に対して安全であるとともに円滑な交通を確保する構造としなければならない．また，車両がコンクリート打込み仕上げ面を直接走行することから，降雨時や降雪時を含め，橋面舗装としての走行性能を確保できる構造としなければならない．走行性能に関わるものとしては 2 つあり，走行安全性能はすべり，段差，わだち掘れおよびすり減りで表し，走行快適性能はラフネス（平たん性）および段差で表す．なお，橋面コンクリート舗装における走行性能の照査は，舗装標準示方書［2014 年制定］[8]を参考として，下記に従って行うものとする．

1）走行安全性能の照査

　走行安全性能におけるすべりに対する照査は，すべり抵抗値により照査を行うことができる．すべり抵抗値は，DF テスタによるすべり抵抗値（動的摩擦係数）や振子式スキッドレジスタンステスタによるすべり抵抗値（BPN）があり，路面の摩擦係数と密接に関係するため，使用材料，路面のテクスチャ，および排水状況などの影響を受けることに注意が必要である．また，使用する材料や粗面仕上げ方法により大きく異なるので，利用目的に応じた適切な管理基準を設定するのがよい．設定値については，道路管理者

である地方自治体の管理基準，日本道路協会の書籍 [9] [10]，東日本高速道路㈱・中日本高速道路㈱・西日本高速道路㈱の管理要領 [11] の値を参考にするとよい．

すり減りに対する照査は，ラベリング試験などによる摩耗抵抗性で評価することができるが，使用材料と交通量によって影響を受けるため，現地に応じた適切な管理基準を設定するのがよい．

2）走行快適性能の照査

走行快適性能におけるラフネス（平たん性）に対する照査は，国際ラフネス指数(IRI)により照査を行うことができる．IRI の限界値は，走行速度や走行車両により大きく異なるので，利用目的に応じた適切な管理基準を設定することが望ましく，舗装標準示方書［2014 年制定］[12] に示される**表−解 2. 6. 2** を参考にするとよい．

表−解 2. 6. 2　IRI の限界値 [12]

検討する舗装	ヤード 市内道路	一般道路	自動車専用道路	高速自動車国道	空港滑走路
標準速度　(km/h)	40	60	80	100	250
IRI の限界値	11.0	7.0	5.0	3.5	1.5

段差に対する照査は，段差量で照査を行うことができる．標準的なコンクリート舗装（普通コンクリート舗装）の場合，IRI=1.5mm/m は目地における段差量 5mm に，IRI=0.5mm/m は段差量 2mm に相当している．段差量がこれ以下である場合は，ラフネスの照査を省略することができる．

(4)　一体性の照査

橋面コンクリート舗装が床版の一部として機能するためには，既設 RC 床版と十分に付着し，一体性を確保する必要がある．そのためには，既設 RC 床版との付着性能を有するコンクリートもしくは接着材を選定する必要がある．なお，一体性の確保には，既設 RC 床版との打継ぎ面の処理，接着材の可使時間内でのコンクリートの打込みなど，「4 章施工」に示される現地での施工および品質管理が最も重要である．

一体性の照査は，「コンクリートライブラリー150　セメント系材料を用いたコンクリート構造物の補修・補強指針　上面増厚工法編 [2]」において，新旧コンクリートの付着性を確認することを紹介しており，しきい値として，引張付着強度が $1.0N/mm^2$ 以上（NEXCO 試験法 434：増厚コンクリート用エポキシ樹脂接着材の性能試験方法 [13]）を参考値としている．なお，せん断付着強度については，試験方法・試験機械も含め研究が進められており [14]，参考値を示すには至っていない．

【第2章　参考文献】

1)　土木学会：道路橋床版の維持管理マニュアル2020，鋼構造シリーズ35，2020.10

2)　土木学会：セメント系材料を用いたコンクリート構造物の補修・補強指針，コンクリートライブラリー150，p.59，2018.6.

3)　AASHTO T277-83: AASHTO Standard Method of Test for Rapid Determination of the Chloride Permeability of Concrete, Method of Sampling and Testing, Washington D.C. 1986

4)　土木学会：2017 年制定 コンクリート標準示方書［設計編：本編］，pp.76-80, 2017.12.

5)　土木学会：2014 年制定 舗装標準示方書，第 III 編 p.165, 2015.10.

6)　土木学会：2017 年制定 コンクリート標準示方書［設計編：標準］，pp.149, 2017.12.

7)　土木学会：2017 年制定 コンクリート標準示方書［設計編：本編］，p.95, 2017.12.

8)　土木学会：2014 年制定 舗装標準示方書，第 III 編 pp155-159, 2015.10.

9)　日本道路協会：舗装設計施工指針，舗装の性能指標と目標値の例 p.136, 2006.2.

10)　日本道路協会：道路維持修繕要綱，維持修繕要否判断の目標値 p.66, 1978.7.

11)　東日本高速道路㈱・中日本高速道路㈱・西日本高速道路㈱：舗装施工管理要領，pp.29-35, 2017.7.

12)　土木学会：2014 年制定 舗装標準示方書，第 III 編 p.158, 2015.10.

13)　東日本高速道路㈱・中日本高速道路㈱・西日本高速道路㈱：構造物施工管理要領，2019.7.

14)　独立行政法人土木研究所，他：鋼床版橋梁の疲労耐久性向上技術に関する共同研究（その 4）報告書，pp.124-129，平成 23 年 2 月

第3章　材　　料

3.1　概　説

(1) 橋面コンクリート舗装には，要求される性能を確保するために必要な特性を有するコンクリートを
用いる．

(2) 接着材を使用する場合は，品質の確かめられたものを用いる．

【解説】

(1) 本ガイドラインに規定する橋面コンクリート舗装は，床版の一部として機能し交通荷重を支持するとと
もに，既設 RC 床版への劣化因子の侵入を防止する層としての機能も要求される．さらに，表層が直接車
両の走行にさらされることから舗装としての機能も必要となる．したがって，橋面コンクリート舗装に使
用するコンクリートは，これらの要求性能を満足するために必要な力学特性，物質浸透抵抗性，ひび割
れ抵抗性，摩耗作用に対する抵抗性などを有する必要がある．

　橋面コンクリート舗装に用いるコンクリートの種類は，使用される結合材の種類や合成高分子（ポリマー）
の使用の有無により，セメントコンクリート，ポリマーセメントコンクリートおよびレジンコンクリート
の 3 種類に大別される．**表−解 3.1.1** に示すとおり，セメントコンクリートは，結合材にセメントを使用
し，水や細骨材，粗骨材，混和材等を主な構成材料としたコンクリートである．ポリマーセメントコンク
リートは，セメントコンクリートにセメント混和用ポリマーを併用したコンクリートである．レジンコン
クリートは，セメントを使用せず，結合材に常温硬化型樹脂系ポリマーを用いたコンクリートである．橋
面コンクリート舗装に使用されるコンクリートの例は，資料編 2 を参考にするとよい．また，米国や韓国
では日本に先行して橋面コンクリート舗装が普及しており，Latex modified concrete（ラテックス改質コン
クリート，いわゆるポリマーセメントコンクリート）や，シリカフュームを混合したコンクリートなど多
様なコンクリートが使用されている．米国や韓国の事例については，資料編 1 で紹介しているので参考に
するとよい．

表−解 3.1.1　橋面コンクリート舗装に用いるコンクリートの種類

種類	結合材	備考
セメントコンクリート	セメント	−
ポリマーセメントコンクリート	セメント	セメント混和用ポリマーを併用
レジンコンクリート	常温硬化型樹脂	−

(2) 橋面コンクリート舗装と既設 RC 床版の一体性が確保されることを目的として，両者の界面に接着材を
塗布することも有効である．接着材を使用する場合は，荷重や周りの環境作用，劣化因子による作用など
の影響を適切に考慮できる手法によって接着材の品質を確認することが望ましい．

3.2 　セメントコンクリートおよびポリマーセメントコンクリート

> (1) セメントコンクリートおよびポリマーセメントコンクリートは，要求される性能を確保するために
> 必要な特性を有するものを用いる．
> (2) セメントコンクリートおよびポリマーセメントコンクリートに使用する水，セメント，骨材，混和
> 材，短繊維，セメント混和用ポリマー等の材料は，JIS に適合するものあるいは試験や既往の実績に
> より品質が確かめられたものを用いる．

【解説】

(1) 橋面コンクリート舗装は，床版と一体となって機能し，既設 RC 床版の耐荷力や疲労耐久性の向上に寄与
するものである．使用するコンクリートは，要求される性能を満足するために必要な引張強度やせん断強
度といった力学特性を有している必要がある．また，既設 RC 床版への水や塩化物イオンの侵入を防止す
る層として機能するためには，これらの劣化因子の侵入に対する抵抗性を有している必要がある．また，
コンクリートの仕上げ面を直接車両が走行するため，コンクリートにはすり減り抵抗性も要求される．さ
らに，橋面コンクリート舗装と既設 RC 床版の一体性の確保のために，コンクリートは付着性に優れてい
ることが望ましい．

　供用中の道路橋で橋面コンクリート舗装を施工する場合は，規制時間等の制約から早期に実用強度を得
ることが求められる場合があり，確保できる養生条件に応じた強度発現性を有する必要がある．また，上
面増厚工法と同様に既設 RC 床版の耐荷力の向上効果を得るために，橋面コンクリート舗装に用いるコン
クリートは，所要の圧縮強度や引張強度，せん断強度などの力学特性を有している必要がある．

　本ガイドラインで対象とする橋面コンクリート舗装では防水層は設置されないため，舗装に用いるコン
クリートには既設 RC 床版への水の浸入を防止する効果を有することが求められる．このとき，必ずしも
舗装に用いるコンクリート単独で目標とする水の浸透抵抗性を達成する必要はなく，例えば接着材を使用
する場合は，橋面コンクリート舗装と接着材とで構成された層を一つの層とみなして必要とされる性能を
満足すればよい．コンクリートの透水性は，一般にインプット法やアウトプット法 [1] などの方法により評
価されている．また，日本道路協会の道路橋床版防水便覧［平成 19 年 3 月］では，防水層の性能評価試験
方法として「防水性試験I」および「防水性試験II」[2] が定められている．これらの試験方法を参考に適切な
方法により水の浸透抵抗性を評価する必要がある．

　塩化物イオンの侵入に対する抵抗性は，一般に塩化物イオンの拡散係数で評価されている．拡散係数は
Fick の拡散則に現れる比例定数で，拡散の速さを表す指標である．塩化物イオンの拡散係数は，使用材料
や配合等の影響を受け，室内実験や暴露供試体を用いる方法等により求めることができる．室内試験につ
いては，土木学会基準として JSCE-G571-2013 に「電気泳動によるコンクリート中の塩化物イオンの実効
拡散係数試験方法」および JSCE-G572-2018「浸せきによるコンクリート中の塩化物イオンの見掛けの拡散
係数試験方法(案)」が定められている．積雪寒冷地で凍結防止剤を使用する地域における道路橋床版では，
凍結防止剤に起因する塩化物イオンの作用が問題となるが，拡散係数の小さいコンクリートを橋面コンク
リート舗装に使用することで，既設 RC 床版への塩化物イオンの侵入防止が期待できる．

　塩化物イオンや水などの劣化因子の侵入に対してはコンクリート表層の品質も重要であり，近年トレン
ト法 [3] による透気試験や表面吸水試験（SWAT 法）[4] などの方法により評価が行われている．

　橋面コンクリート舗装は比較的薄層で施工されるため，乾燥収縮等により有害なひび割れが発生しない
よう，高い寸法安定性やひび割れ抵抗性を有している必要がある．乾燥収縮の抑制には，単位水量を低減
するとともに，骨材の選定にも留意する必要がある．膨張材や収縮低減効果を有する化学混和剤，セメン

ト混和用ポリマーを用いることも有効である．自己収縮は，水セメント比の小さい範囲で大きくなるため，水セメント比を小さくした配合のコンクリートでは材料や配合を適切に選定することが特に重要である．

橋面コンクリート舗装では，走行安全性を確保するために，コンクリートのすり減り抵抗性も必要とされる．コンクリートのすり減り抵抗性については，舗装標準示方書［2014年制定］[5]を参考にするとよい．コンクリートのすり減り抵抗性は，一般には骨材の摩耗抵抗性および必要な場合はラベリング試験などによるコンクリート表面の摩耗抵抗性で評価される．舗装標準示方書では，設計基準曲げ強度が 4.5MPa 以上の場合，通常の供用条件では粗骨材のすり減り減量を確認することで十分なすり減り抵抗性を確保できると考えてよいとしている．

本ガイドラインでは，既設 RC 床版と舗装の一体性が確保されていることを前提としているため，既設コンクリートとの付着性に優れるコンクリートを使用することが望ましい．橋面コンクリート舗装と既設 RC 床版の付着性は，コンクリートの特性だけではなく下地処理の方法も影響する．また，打継ぎ界面に接着材を使用することも有効であり，これらをあわせて検討し，一体性を確保する必要がある．

(2) セメントとしては，JIS R 5210 に規定されるポルトランドセメントが使用される．既設 RC 床版に橋面コンクリート舗装が適用される場合は，交通規制時間の短縮や早期の供用開始を求められることがあり，コンクリートに早期の強度発現性が求められる．上面増厚工法では，規制時間に応じて早強ポルトランドセメントや超速硬セメントが使用されており，増厚部をコンクリート舗装として供用された事例も存在し，セメントの選定にあたってはこれらの事例も参考とすることができる．既設 RC 床版に橋面コンクリート舗装を施工する場合は，工事に伴う交通規制の期間に加えて，施工中に供用車線から受ける車両通過時の交通振動がセメントの硬化に及ぼす影響も考慮する必要がある．

JIS に規定されるフライアッシュ，コンクリート用膨張材，高炉スラグ微粉末，コンクリート用シリカフュームなどの混和材は，必要に応じて使用することができる．JIS に規定された混和材ではないが，コンクリートに速硬性を付与することを目的として，カルシウムアルミネート系の速硬性混和材が橋面コンクリート舗装に適用された実績がある．

骨材は，清浄，堅硬，耐久的で，有機不純物，塩化物等を有害量含まないものが標準として用いられている．橋面コンクリート舗装では，数十 mm 程度の薄層に仕上げることもあり，骨材の最大寸法を 13mm 程度以下とする場合もある．化学的腐食に対する抵抗性の向上を目的としてシリカ質の砕石や珪砂などが使用されることもある．

ポリマーセメントコンクリートでは，既設 RC 床版との一体性や劣化因子の浸透抑制を期待して，セメント混和用ポリマーが使用される．セメント混和用ポリマーは，スチレンブタジエンゴム（SBR），ポリアクリル酸エステル（PAE），スチレンアクリル酸エステル（SAE），エチレン酢酸ビニル（EVA）などのポリマー粒子が水の中に分散した水性ポリマーディスパージョンとこれを噴霧，乾燥して得られる再乳化形粉末樹脂があり，JIS A 6203「セメント混和用ポリマーディスパージョン及び再乳化形粉末樹脂」に規定される．

橋面コンクリート舗装に用いるセメントコンクリートおよびポリマーセメントコンクリートでは，品質の安定化や練混ぜ時の計量の省力化などを図るために，セメントや骨材，再乳化形粉末樹脂などを事前に配合したプレミックス品が使用されることがある．プレミックス品では，構成材料の比率や詳細が必ずしも全て開示されない場合も多い．この場合も，評価試験やメーカーの試験成績表，信頼できる資料により品質を確認する必要がある．

3.3　レジンコンクリート

(1) レジンコンクリートは，要求される性能を確保するために必要な特性を有するものを用いる．

(2) レジンコンクリートに使用するポリマー，骨材，混和材等の材料は，JIS に適合するものあるいは試験や既往の実績により品質が確かめられたものを用いる．

【解説】

(1) 本節で述べるレジンコンクリートとは，SBR ラテックスやアクリル系エマルションなどをセメントコンクリートに配合したポリマーセメントコンクリートとは異なり，コンクリートの構成材である細骨材・粗骨材の結合材に常温硬化型樹脂ポリマーを用いたコンクリートを対象とする．なお，一般にレジンコンクリートは，ポリマーコンクリートともいう．

　レジンコンクリートを用いる場合も，前節同様に要求される性能を満足するために，必要な特性を有するコンクリートを使用する必要がある．

(2) 結合材となるポリマーは，アクリル系樹脂，不飽和ポリエステル樹脂や，エポキシ樹脂が用いられる．レジンコンクリートの種類と特徴について**表-解** 3.3.1 に示す．レジンコンクリートの凍結融解抵抗性や，化学物質透過性は，結合材であるポリマーの凍結融解抵抗性や，化学物質透過性により影響される．既往の報告では，MMA 樹脂（メタクリル樹脂）と言われるアクリル系の樹脂においてアスファルト舗装に対し段差修正やポットホールの補修，更には耐摩耗性を考慮しトンネル構造物への舗装材など国内でも多数実績[6]があり，現場でのハンドリングを容易にするためプレミックス材も市販されている．これらのレジンコンクリートは反応成分により施工時に臭気を伴うが，硬化後は無臭となる．

　結合材や骨材配合にあらかじめ混合される混和剤は，ポリマーの硬化収縮性を考慮した混和剤が用いられ，一般的には熱可塑性樹脂が用いられている．米国では「不飽和ポリエステル樹脂」を用いたコンクリートの実績があり（資料編 1 を参照），日本国内でも検討が行われている．この不飽和ポリエステル樹脂は，反応成分と樹脂基剤がラジカル重合という反応形式を用いており一般的な温度環境では数時間で実用強度に達する性能を有し着色も容易である．その一般的な配合は，樹脂（ポリマー）主剤・硬化剤・着色剤・細骨材・粗骨材から構成される．

　一般に細骨材・粗骨材は，セメントコンクリートと同様の骨材が使用可能である．ただし，ポリマーを結合材に用いるため，絶乾状態の骨材でないとポリマーと骨材間の接着性能に不具合が生じることが想定されるため，留意が必要である．そのため，細骨材には硅砂が用いられることが多い．また，施工厚みによっては，粗骨材寸法の変更や，粗骨材を用いず骨材を細骨材のみで構成されモルタルとされる場合もある．

　なお，下地コンクリートへの接着性確保や，結合材であるポリマーの下地への過剰含浸を防止するためプライマー材が用いられる．

　橋面コンクリート舗装に適用されるレジンコンクリートでは，品質の安定化や練混ぜ時の計量の省力化などを図るために，ポリマーや骨材等を事前に配合したプレミックス品が使用されることがある．プレミックス品では，構成材料の比率や詳細が必ずしも全て開示されない場合も多い．この場合も，評価試験やメーカーの試験成績表，信頼できる資料により品質を確認する必要がある．

表-解3.3.1　レジンコンクリートの種類と特徴

ポリマーの種別	初期硬化時間	屋外使用	備考
MMA 樹脂系	60-90 分程度	適	モルタル材が多い
不飽和ポリエステル樹脂	3 時間-6 時間程度	適	米国での実績多数
エポキシ樹脂	8 時間-24 時間程度	不適※	低温時硬化が遅い

※ 紫外線などの劣化因子を直接受ける環境において不適

3.4　接着材

接着材を使用する場合は，試験や既往の実績により品質が確かめられたものを用いる.

【解説】

橋面コンクリート舗装は，既設 RC 床版と一体となって機能するため，使用するコンクリートは付着性に優れることが望まれることから，選定した材料・工法によっては，打継ぎ界面に接着材を使用する場合がある．使用する接着材は，試験や既往の実績により品質が確かめられたものを用いることを標準とするが，ここでは，上面増厚工法で採用されているエポキシ樹脂接着材について解説する.

上面増厚工法では，増厚コンクリートの打込みにおいて，新旧コンクリートの付着界面にエポキシ樹脂接着材を塗布する工法が用いられている．また，同様に新旧コンクリートの一体化が必要となる薄層付着オーバーレイ工法においても，ショットブラスト処理後にエポキシ樹脂接着材を全面塗布し，接着材の可使時間内にコンクリートを打込む方法が採用されている [7]．橋面コンクリート舗装に接着材を使用する場合は，これらの事例を参考とするとよい.

被着体となる既設 RC 床版とコンクリートとの接合メカニズムは，既設 RC 床版上面に塗布されたエポキシ樹脂接着材の可使時間内にコンクリートを打ち継ぐことにより，エポキシ樹脂接着材がコンクリート中の骨材に付着し，その後にさらにセメントの水和反応によりコンクリートが硬化することで，強固に一体化するものである．したがって，エポキシ樹脂接着材がセメントの水和反応を阻害しない事が重要である．また，橋面コンクリート舗装は薄層であり，気象環境の影響にさらされることから，硬化した接着材層には，貫通ひび割れから浸入する雨水や，日射による高温，供用後の走行車両による輪荷重の繰返し作用下でも橋面コンクリート舗装と既設 RC 床版との一体性を確保できる付着性が必要となる．なお，上面増厚工法における接着材の使用は，2006 年度に初めて適用され [8]，2010 年の高速道路株式会社施工監理要領 [9] では接着材を地覆立ち上り部や施工目地を含む施工端部を額縁状に塗布することが規定された．一方で，接着材の塗付形状（額縁状および全面塗布）の違いによる検討では，輪荷重直下に接着材が塗布されない額縁状の塗布であると，はく離が生じるといった課題も指摘されている [10].

橋面コンクリート舗装に用いるコンクリートの物質浸透抵抗性が不足している場合には，既設 RC 床版上に設けた接着材層により物質浸透抵抗性を確保してもよい．ただし，この場合は，全面塗布を標準とし，3.2 節で示される試験方法や評価方法などを参考に，橋面コンクリート舗装と接着材とで構成された層を一つの層とみなして，物質浸透抵抗性を評価する必要がある．この場合の拡散係数の考え方については，「コンクリートライブラリー119　表面保護工法 設計施工指針 (案)」の付属資料 [11] などを参考にするとよい．接着材の物質浸透抵抗性については，電気泳動法による塩化物イオンの実行拡散で評価された例 [12]，防水機能を兼ねた接着材の全面塗布により床版の疲労寿命が長くなることが実験的に確認された例 [13], [14] もあるので参考にするとよい.

【第 3 章　参考文献】

1) 笠井芳夫，池田尚治編著：コンクリートの試験方法（下），pp.148-151，技術書院，1993.6.

2) 日本道路協会：道路橋床版防水便覧［平成 19 年 3 月］，pp.114-121，2007,3.

3) RJ.Torrent and G Frenzer：A method for the rapid determination of the coefficient of permeability of the covercrete，Proceedings of the International Symposium Non-Destructive Testing in Civil Engineering(NDT-CE), pp.985-992(1995)

4) 林和彦，細田暁：表面吸水試験によるコンクリート構造物の表層品質の評価方法に関する基礎的研究，土木学会論文集 E2，Vol.69，No.1，pp.82-97，2013.

5) 土木学会：舗装標準示方書［2014 年制定］,pp.155-156, pp.205, 2014.

6) 荒川宗和，武藤稱一郎：ラジカル重合舗装－メタクリル（MMA）樹脂系舗装－，高分子，第 48 巻，p.516，1999.

7) 一般財団法人港湾空港総合技術センター：空港舗装補修要領及び設計例，Ⅲ-21，平成 23 年 4 月

8) 阿部忠，伊藤高，今野貴元，中島博敬，伊藤清志：供用開始後 3 回の補強を施し 60 年経過した道路橋 RC 床版の劣化診断および健全度評価，材料学会，第 19 回コンクリート構造物の補修，補強，アップグレードシンポジウム，pp.543-548，2019.

9) 東日本高速道路㈱・中日本高速道路㈱・西日本高速道路㈱：構造物施工監理要領，pp3-99-3-101，2011.7.

10) 阿部忠，鈴木寛久，貴志豊，野本克己：RC 床版の SFRC 上面増厚補強法における接着材が耐疲労性に及ぼす影響，土木学会，構造工学論文集 Vol. 59A，pp.1084-1091，2013 .3.

11) 土木学会：表面保護工法　設計施工指針（案），コンクリートライブラリー119，pp.113-118，2005.4.

12) 児玉孝喜：新しいコンクリート接着接合技術を用いた社会資本の補修工法の実用化に関する研究，東洋大学，学位論文，平成 21 年 7 月

13) 下西　勝，岡田昌澄：樹脂を主体とした浸透型防水工の性能試験結果，土木学会第 59 回年次学術講演会，2004.9

14) 青木康素，小浦貴明，大西弘志，松井繁之：急速施工型浸透系防止工の既存 RC 床版への適用性評価，土木学会第 59 回年次学術講演会，2004.9

第4章　施　工

4.1　概　説

(1) 橋面コンクリート舗装工の施工は，施工計画に従って実施する．

(2) 橋面コンクリート舗装工の施工に関しては十分な知識および経験を有する技術者を現場に常駐させ，その指示の下で施工する．

(3) 橋面コンクリート舗装工の実際の施工において施工計画が遵守できない場合は，責任者の指示に従い，設計時に要求される性能が確保されるように，適切な措置を講じる．

【解説】

(1) 施工の基本は，工事の安全性が確保されることを前提として，適切な施工方法により経済的に効率良く実施することである．橋面コンクリート舗装の施工は，事前準備，下地処理，コンクリートの製造，運搬，打込み・締固め仕上げ等，多様な工種から構成されるため，作業の実施にあたっては，関連する他工種とも十分に調整を行い，効率良く施工できるように配慮する[1]．なお，橋面コンクリート舗装の施工にあたっては，本マニュアルの資料編3および資料編4を参考にするとよい．橋面コンクリート舗装の施工手順フローを**図-解4.1.1**に示す．

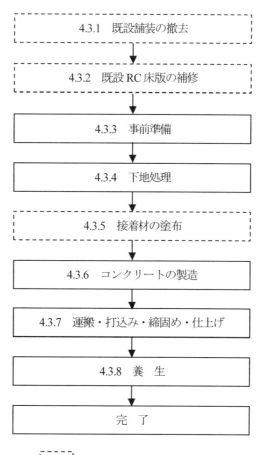

図-解4.1.1　施工手順フロー

(2) 一般に，施工の良否は施工者の経験や資質等の人的要因に大きく左右される．このため，橋面コンクリート舗装工の施工に関して十分な知識および経験を有する技術者を現場に常駐させ，その技術者の指示の下で施工を実施することが望ましい．

(3) 実際の施工においては，計画段階で想定しない事態が生じることも少なくないので，必ずしも施工計画どおりに実施できるとは限らない．施工時に施工計画を遵守することが難しい場合は，責任技術者の指示に従い，所要の性能が確保されるように適切な措置を講じる．

4.2　事前調査および施工計画

> (1) 橋面コンクリート舗装工を施工するに先立って，既設コンクリート構造物を事前に十分に調査し，設計図書との相違や損傷状況等について確認する．
>
> (2) 橋面コンクリート舗装工の施工を適切に行うため，施工計画を立案し，施工計画書を作成する．施工計画の立案にあたっては，既設構造物の構造条件，現場環境条件，施工条件等について配慮する．

【解説】

(1) 橋面コンクリート舗装工における事前調査は，設計図書を調査し，計画高の決定，施工数量の把握，施工の円滑化等を目的として行う．このため，事前調査により対象構造物の現状や施工条件等を正確に把握し，設計通りに施工できるかどうか確認する必要がある．調査方法としては，床版を対象とする場合，床版下面から目視によってひび割れやエフロレッセンスの発生状況を，また，舗装路面からコアを採取して，舗装厚さや，鉄筋のかぶり等を測定するなどが挙げられる．調査内容は，対象構造物の現状を把握するものと施工条件に関するものに分けられ，特に留意すべき項目は以下の通りである．

（構造物の現状に関する項目）

（ⅰ）構造物の使用状況　　荷重，交通量，振動，昼夜の使用状況変化など

（ⅱ）劣化機構　　中性化，塩害，アルカリシリカ反応，凍害，化学的侵食，疲労，その他

（ⅲ）劣化状況　　劣化度，範囲，床版上端鉄筋の腐食状況など

（施工条件に関する項目）

（ⅰ）施工場所の立地条件・位置　　都市部，山岳部，海洋環境，施工作業空間の制限，第三者への影響など

（ⅱ）公害等の環境制約　　騒音規制，振動規制，粉塵規制，汚濁規制など

（ⅲ）施工時の規制　　交通規制の方法，迂回路など

（ⅳ）施工方法・時間の制約　　作業時間帯，施工時期・天候，転倒・飛散時の安全性確保，施工目地の検討など

(2) 橋面コンクリート舗装工の施工にあたっては，事前調査の結果を踏まえて，構造物の現状を正確に把握し，設計された性能が確保できるように，適切な施工範囲や施工方法，施工手順などを定めた施工計画を立てる必要がある．施工計画は，対象構造物の周辺環境や立地条件，施工時期，工期などの施工条件を充分に考慮し，施工中の騒音，臭気，粉塵対策を含めた詳細について計画することが望ましい．また，施工計画に基づいて，施工計画書を作成し，見やすい場所に掲示するなどして，管理者はもとより全作業者に至るまで周知徹底をはかることが重要である．必要に応じて，近隣の住民などに対して事前に説明するなどの配慮も必要である．以下に施工計画書の記述事項の一例を示す．

（ⅰ）工事概要

（ⅱ）施工位置図

（ⅲ）実施工程表

（ⅳ）現場組織表と緊急時の体系

（ⅴ）使用材料

（ⅵ）施工機械および設備

（ⅶ）施工方法

（ⅷ）安全管理

（ⅸ）環境対策

（ⅹ）交通規制保安計画

（ⅺ）その他

4.3　施工

4.3.1　既設舗装の撤去

> 　既設のアスファルト舗装，防水層もしくはタックコート，劣化したコンクリート舗装などは，橋面コンクリート舗装と床版の一体性を阻害するため，適切な方法で撤去する．

【解説】

　橋面コンクリート舗装を施工するにあたって，アスファルト舗装，防水層，タックコート，劣化が生じているコンクリート舗装などは，橋面コンクリート舗装と床版の一体性を阻害する要因となるため，事前に撤去する必要がある．舗装の撤去に際して大型切削機を使用した場合，切削面に不陸があると既設舗装が残存する場合があり，このような場合は，人力または小型機械で残ったアスファルト舗装を除去する．また，大型切削機による切削は，床版上面から 10mm 程度の舗装を残して切削されることが多く，切削時に床版の上端鉄筋を損傷させることがないように留意が必要である．万一，損傷させた場合は，鉄筋を補完しなければならない．大型切削機による切削状況の一例を**写真-解** 4.3.1 に，油圧ショベルによる切削状況の一例を**写真-解** 4.3.2 に示す．

写真-解 4.3.1　大型切削機による切削状況

写真-解 4.3.2　油圧ショベルによる切削状況

4.3.2　既設 RC 床版の補修

既設 RC 床版に劣化・変状が生じている場合は，これを除去し，適切な方法で補修する．

【解説】

既設 RC 床版に劣化・変状が生じている場合，橋面コンクリート舗装と床版の一体性を著しく阻害する．このため，事前に適切な方法によって調査を実施し，劣化機構や劣化状況を把握すると共に，一体性に影響する範囲を特定して，適切な方法で除去する必要がある．特に，許容量以上の塩化物イオンが含まれるコンクリートや土砂化が生じている劣化部分は，入念に除去する．なお，劣化部を除去するにあたって，劣化・変状の範囲が床版下面まで影響を及ぼす可能性がある場合には，床版の部分打替えを検討する．劣化部の除去方法としては，人力施工の他にウォータージェット工法などがある．ウォータージェット工法は，コンクリート除去の際に微細なひび割れ（マイクロクラック）の発生防止に寄与し，既設 RC 床版との打継界面における付着強度の向上が図れる工法として知られており，長寿命化の観点から望ましい工法である．

劣化・変状部を除去した既設 RC 床版は，適切な方法で断面修復し，床版としての機能を回復させる．このため，断面修復に使用する材料は，寸法安定性，線膨張係数，弾性係数などの諸性質が床版コンクリートと同等なものが望ましい．床版上面用の断面修復材は，床版との一体性を確保するため，付着強度の確保は勿論のこと，打継界面との付着切れを防止するために収縮量が少ないことを特長としている．なお，床版の部分打替え箇所が多く存在する場合，打替え箇所に車両が乗り入れできなくなるため，橋面コンクリート舗装の施工時間が不足するなど，時間的制約が厳しくなるので部分打替えを事前に別工事として実施しておくなどの対策を講じるとよい．

4.3.3　事前準備

橋面コンクリート舗装の施工を行う前に，必要に応じて事前準備工を実施する．

【解説】

橋面コンクリート舗装工の前に，材料の搬入や施工機械の設置等の事前準備工を実施する．橋面コンクリート舗装工で考えられる事前準備工の例を列挙すると以下の通りである．

　　(i) 現場プラントの設置（現場練りの場合）
　　(ii) 原材料の搬入・集積（現場練りの場合）
　　(iii) コンクリートの運搬方法の検討
　　(iv) コンクリートフィニッシャなどの機械設備の搬入・設置

4.3.4　下地処理

橋面コンクリート舗装と床版の十分な一体性が得られるよう，付着性に支障をきたす有害な物質を適切な方法により処理する．

【解説】

橋面コンクリート舗装と床版の十分な一体性が得られるように健全な下地を確保することが重要である．

健全な下地を確保するために，既設 RC 床版に発生した微細なひび割れや埃，アスファルト乳剤を含む油脂分や汚れの除去，または防水層などを撤去する対策として，ショットブラスト工法による研掃が一般的に実施されている．鉄筋のかぶり不足や部分的な土砂化などの下地の損傷状況に応じて，水圧 100MPa 以上のウォータージェット工法により，除去深さ 1cm 程度の下地処理も近年採用されている．スチールショットブラスト工法の施工は，雨天時は困難であるので，工程によっては路面乾燥機等を準備する．研掃完了後は，床版面を防炎シート等で養生し，工事車両等から表面を保護する．ショットブラスト工法の施工状況を**写真-解 4.3.3** に，ショットブラスト工法による乳剤除去程度を**写真-解 4.3.4** に示す．

写真-解 4.3.3　ショットブラスト工法の施工状況

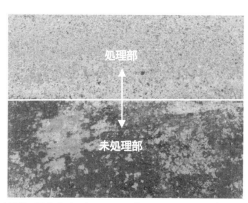

写真-解 4.3.4　ショットブラストによる乳剤除去

4.3.5　接着材の塗布

> 橋面コンクリート舗装と床版の一体性を確保するために，所定の付着性が得られるよう，必要に応じて接着材を使用する．

【解説】

橋面コンクリート舗装工を行う際には，橋面コンクリート舗装と床版の一体性が求められるため，必要に応じてコンクリート表面に接着材を使用する．ただし，橋面コンクリート舗装の物質浸透抵抗性が確保されている前提で付着性が充分に確保されている場合には，必ずしも接着材を塗布しないこともある．

接着材を使用する場合は，コンクリート表面に水や汚れがないことを確認し，刷毛・ローラーまたはリシンガン等の吹付け機を使用して塗布する．ショットブラスト工法やウォータージェット工法による下地処理を行った場合，コンクリート表面に凹凸が生じるが，接着材の塗布厚は平均 1mm 程度とし，接着材の塗り残しがないように目視確認しながら丁寧に塗布する．また，接着材により物質浸透抵抗性や床版との一体性を確保する場合には，接着材は床版全面にわたって塗布することが必要となる．接着材の塗布状況の一例を**写真-解 4.3.5** に，接着材塗布の**写真-解 4.3.6** に示す．

写真-解 4.3.5　接着材塗布の状況

写真-解 4.3.6　接着材塗布の例

4.3.6　コンクリートの製造

コンクリートの製造は，所要の品質を有する材料が得られるように製造する.

【解説】

コンクリートの材料の製造は，コンクリート標準示方書〔施工編：施工標準〕[2]，および舗装標準示方書〔コンクリート舗装編〕[3] に準ずることを基本とする. 橋面コンクリート舗装工で使用される超速硬コンクリートは，コンクリートの可使時間が短いため，レディーミクストコンクリート工場で製造し，トラックアジテータで運搬することが困難である. そのため，超速硬コンクリートの製造は，一般的に施工現場近傍に貯蔵された原材料の逐次供給，計量，練混ぜが可能な現場用コンクリートプラント車で行われる. このように現場用コンクリートプラントでコンクリートを製造する場合は，コンクリートが所要の品質を確保できることを確認する必要がある. また，大型の現場用コンクリートプラント車には，連続練りミキサとバッチミキサの形式がある. なお，コンクリートを一定の速度で練り混ぜて現場に運搬することにより，コンクリートフィニッシャによる敷均し・締固め作業が安定する. このことは高い品質の橋面コンクリート舗装工の施工を実現するうえで極めて重要である. 現場用コンクリートプラントの一例を**写真-解 4.3.7** および**写真-解 4.3.8** に示す.

写真-解 4.3.7　コンクリートの製造供給状況の一例

写真-解 4.3.8　コンクリートの製造供給状況の一例

4.3.7 運搬・打込み・締固めおよび仕上げ

(1) 材料の運搬に際しては，材料分離と流動性の低下に留意した方法を選定する．

(2) 材料の荷降し・打込みは，材料分離が生じることのないように行う．

(3) 締固めは，コンクリートの打込み後すみやかに，振動機を用いて行う．なお，型枠および打継ぎ目周辺は，振動機での締固めに先行して，別途簡易装置等で十分締め固める．

(4) 表面仕上げは，連続的に行われるように計画することが重要であり，打込み・締固めおよび仕上げの際には，材料の特性や施工する構造物の特徴を理解して，適切な方法を選択する．

【解説】

コンクリートを使用する場合には，運搬・打込み・締固めおよび仕上げは，コンクリート標準示方書〔施工編：施工標準〕[2]，および舗装標準示方書〔コンクリート舗装編〕[3] に準ずることを基本とする．

(1) コンクリートは，材料ができるだけ分離しない方法で運搬し，速やかに舗設する．運搬中のコンクリートが乾燥しないように適当な方法でコンクリートの表面を保護する．

(2) コンクリートの荷下ろしに際しては，搬入されたコンクリートのコンシステンシーの良否や材料分離の状態を，十分確認し，品質不良なコンクリートが荷下ろしされないようにする．また，荷下ろしの際コンクリートの分離しないよう落下の高さを小さくする．

(3) 増厚部材の厚さが比較的薄いことなどから，締固めには簡易型コンクリートフィニッシャが用いられる．ただし，簡易型コンクリートフィニッシャによる施工開始時，終了時には一部，型枠バイブレーションによる人力での敷均し作業が必要となる．コンクリートフィニッシャには，仕上げ面の平坦性が良好であることに加え，既設部材のセメント系材料との一体化が図れる振動特性を有していることが求められ，事前に性能が確保されたものを用いるとよい．簡易フィニッシャの施工状況を**写真-解 4.3.9** および**写真-解 4.3.10** に示す．

(4) コンクリートの表面は，ち密堅硬で平坦性よく，仕上げなければならない．また，表面のすべり抵抗と防眩効果を高めるため粗面に仕上げなければならない．粗面仕上げの状況を**写真-解 4.3.11** および**写真-解 4.3.12** に示す．

写真-解 4.3.9　簡易フィニッシャの施工状況

写真-解 4.3.10　簡易フィニッシャの施工状況

写真-解 4.3.11　刷毛引き仕上げの状況

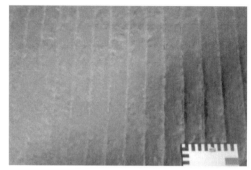

写真-解 4.3.12　フレッシュグルービングの状況

4.3.8　養生

> 養生は，一定期間にわたって硬化に必要な温度および湿度を保ち，急激な乾燥や温度変化等による有害な影響および振動や変形の影響を受けないように，方法および期間を定める．

【解説】

　コンクリートを使用する場合には，コンクリートの養生方法および期間は，コンクリート標準示方書〔施工編：施工標準〕[2]，および舗装標準示方書〔コンクリート舗装編〕[3]に準ずることを基本とする．養生中に急激な乾燥状態にさらされた場合には，初期乾燥ひび割れが生じやすいため，風や日射に直接当たらないよう被膜養生剤の散布や養生シートなどで覆い，回避することが望ましい．ただし，被膜養生剤を使用する場合には，橋面コンクリート舗装の材料に影響を及ぼさないことをあらかじめ確認しなければならない．

　さらに，暑中および寒中施工の場合には急激な環境変化が起きやすいため注意が必要である．特に寒中施工では，所要の強度発現が得られるまで急激な温度変化や乾燥を受けないように適宜，給熱養生や加湿養生を行う必要があり，必要に応じて養生期間も通常より長期間とすることも検討する．

4.4　施工管理

4.4.1　品質管理

> (1) 橋面コンクリート舗装工によって，所要の品質を有するコンクリート構造物を造るため，施工の各段階において品質管理を適切に行う．
> (2) 品質管理は，施工者がその効果を期待できる方法を計画し，適切に行う．

【解説】

(1) 施工者は，要求性能を満足する構造を構築するために，施工計画に従って施工するとともに，コンクリート材料，機械設備，施工方法等の適切な項目に対して適切な方法により品質管理を実施し，施工の各段階で所定の品質が確保されていることを確認する．

(2) 施工者は，施工計画書に基づいて，確実かつ効率的，経済的な品質管理計画を立案し，この品質管理計画に従って施工する．品質管理は，各種の試験を実施し，数多くのデータを収集するだけでなく，必要な項目について必要頻度だけ実施するのがよい．また，試験結果をもとに品質を確認する方法には，実際に試験を実施する以外に，JIS 製品等の場合のように，製造会社の試験成績表によって確認する方法もある．また，品質管理の結果は，発注者による施工の各段階における検査結果として代用されることもあるので，

品質管理はできるだけ既往の技術的裏付け等の信頼性が保障された方法によって行うことが望ましい．品質管理を実施した結果，品質の変動が大きくなる兆候が認められた場合，その原因について調査し，あらかじめ設定した管理の範囲内に収まるよう適切な措置を行う．万一，異常が生じた場合や品質が疑わしい場合は，責任技術者の指示に従って早めに適切な措置を講じる．

4.4.2 出来形管理

(1) 橋面コンクリート舗装工によって，所要の出来形を有するコンクリート構造物を造るため，施工の各段階において出来形管理を適切に行う．
(2) 出来形管理は，完成したものが検査基準を満足するように適切に行う．

【解説】

(1) 出来形管理は，出来形が設計図書に示された値を満足させるために行うものであり，基準高，幅，厚さならびに平たん性について行う．出来形が満足するような工事の進め方や作業標準は事前に決めるとともに，すべての作業員に周知徹底させる．また，施工中に測定した各記録はすみやかに整理し，保存する．

(2) 出来形管理は，仕上高，幅，厚さならびに平たん性について行う．

i) 仕 上 高 ： 舗装の基準となる高さは，最終仕上げ面の高さとする．

ii) 幅 ： 舗装の幅員は地覆での確認とする．

iii) 厚 さ ： コンクリート舗装の層厚管理は，管理基準高の管理を優先するものであって，特に入念に管理する．コンクリート版の舗装厚さは，型枠据え付け後，水糸の下がり等を用いて管理するとよい．なお，工事初期等では簡易フィニッシャ通過後に検尺等で測る方法を追加すれば充分である．

iv) 平たん性 ： コンクリート版の平たん性は，表面仕上げ機械もしくは簡易フィニッシャ通過後に3mの直線定規を当てて観察によって管理する．良好な平たん性が得られない場合は，表面の仕上げ機械で再施工を行う．最終的な平たん性はコンクリート硬化後3mプロフィルメータで測定する．平たん性評価の状況を**写真-解4.4.1**に示す．

写真-解4.4.1　平たん性調査の状況

4.5　記録

> (1) 施工に関する調査，診断，設計，性能照査，補修・補強および使用材料の記録は，基本的にコンクリート標準示方書〔維持管理編：標準〕[4] によるものとする．特に初期欠陥，作用外力や作用環境，ひび割れや劣化の程度と進行に関する項目は記録する．
>
> (2) 品質管理の記録は，建設した構造物の品質保証や将来の工事における品質管理に活用できるよう，引き渡し後も一定期間保管する．
>
> (3) 出来形管理の記録は，将来の工事に活用できるよう，引き渡し後も一定期間保管する．

【解説】

(1) 調査，診断，設計，性能照査，補修・補強および使用材料等の記録は，コンクリート標準示方書〔維持管理編：標準〕8 章に従うこととする．コンクリート構造物の補修・補強を行う上での初期欠陥，周辺の交通量や土地利用等の経年変化する作用外力や作業環境，損傷と劣化を分類するためのひび割れの進展，および対策の履歴に関する記録は特に重要である．また，将来の維持管理のために，補修・補強を実施した工法・材料や施工条件等の記録を残すとよい．コンクリート材料を使用した補修・補強を実施した工法・材料や施工条件等の記録を残すのがよい．コンクリート材料を使用した補修・補強後の経年変化により性能が低下していくことも計画的に把握していくことができるようにすることからも，対策後における点検は記録するものとする．さらに，調査，診断，性能照査の過程で実施しなかった補修・補強工法も記録に残すことが望ましい．これにより，当時の対象構造物を維持管理する上で社会的背景等を伝えることができる．

(2) 品質管理の記録は，施工時の経緯が管理データをして残されている場合が多いため，建設した構造物の品質保証や将来の工事における品質管理に活用できるよう，引き渡し後の一定期間において，これらの記録を保管することが望ましい．

(3) 出来形管理の記録は，施工された目的物が規格値に適合しているか確認するために実測し，設計値と実測値を対比して記録した出来形管理表を作成し管理することが望ましい．将来の工事における出来形管理に活用できるよう，引き渡し後の一定期間において，これらの記録を保管することが望ましい．

4.6　検査

> (1) 橋面コンクリート舗装工を適用した構造物の検査は，施工の各段階および完成した構造物に対して，発注者の責任において実施する．
>
> (2) 施工者は，施工計画に基づいて施工の各段階において必要な検査を実施する．施工者が行う検査は，製造設備の検査，材料の受入れ検査を標準とする．

【解説】

(1) 橋面コンクリート舗装工を設計図書どおりに構築するために，施工の各段階において，その実施内容が妥当であるかどうかを検査する．また，既設コンクリート部材とセメント系材料による増厚部材が一体化した合成断面として挙動することが重要である．したがって，施工後の構造物の検査として，付着強度試験などの破壊試験やインパクトエコー法，打音等の非破壊試験を行い，既設部材と増厚部材の間に隙間等が生じていないか確認することが望ましい．

(2) 所要の材料を供給するための製造設備の検査として，必要に応じて配合設定装置の検査，容量変換装置

の検査，計量記録装置の検査等を行い，品質確保を行うことが望ましい．また，設計数量と相違ないかを確認するために材料の受入れ検査を実施する．

【第4章　参考文献】

1) 土木学会:セメント系材料を用いたコンクリート構造物の補修・補強指針, コンクリートライブラリー150, p.80, 2018.6

2) 土木学会：コンクリート標準示方書　施工編（2017年制定），2018.3

3) 土木学会：舗装標準示方書　コンクリート舗装編（2014年制定），pp211-222，pp234-235，2014.10

4) 土木学会：コンクリート標準示方書　維持管理編（2018年制定），2018.10

第 5 章　維　持　管　理

5.1　概　説

> 橋面コンクリート舗装は，供用期間中に設計で定められた要求性能が維持できるように維持管理を行う．

【解説】

　コンクリートは，アスファルト混合物と比較して弾性係数が大きく，塑性変形が少ないうえに温度や降雨などの気象要因に対する耐候性に優れている．従って，適切に設計・施工された橋面コンクリート舗装は維持管理に有利であり，軽微な修繕サイクルで長期的な供用を念頭に，長寿命化を目的とした道路床版上の構造体として適している．

　橋面コンクリート舗装は，供用期間中に **1.2 要求性能** で要求された性能水準を維持できるように設計されている．しかし，設計時に予測できなかった要因により想定した性能を下回る兆候が認められた場合，あるいは供用期間内に機能に関する性能回復措置をあらかじめ想定した場合においては，維持管理者は要求された性能水準と同等以上を保持する技術行為が必要である．このため，維持管理者は，維持・修繕計画を策定し，点検，調査，評価および判定，対策，記録を適切に行える維持・修繕体制を構築のうえ，橋面コンクリート舗装の維持管理を行う．

5.2　維持管理

> 　適切な維持管理を行うために維持・修繕計画を作成し，供用期間中に要求性能が維持できるように，点検，調査，評価および判定，対策，記録を適切に行う．

【解説】

　橋面コンクリート舗装は，道路橋床版の長寿命化を目的とした床版の安全性・供用性・耐久性などを向上させる道路橋床版上の構造体である．このため，**1.2 要求性能** に示された要求性能を適切な時期に適切な調査方法で調査を行い，適切な施工方法や材料で維持管理を行うことが望ましい．利用者や近隣住民からの日常的な情報（要望や苦情など）を記録し，必要に応じてアンケートやヒアリングを実施し，意見集約して維持・修繕が必要な箇所を把握する．しかし，橋面コンクリート舗装は，その設計方法や維持管理方法が確立されていないため，道路橋床版の維持管理マニュアル 2020[1]，コンクリート標準示方書〔維持管理編：標準〕[2]，舗装標準示方書[3]，セメント系材料を用いたコンクリート構造物の補修・補強指針[4]および道路橋床版防水便覧[5]などを参考に点検・調査を定期的に行い，維持管理を行う．

　橋面コンクリート舗装は，床版の一部として機能し，上面増厚工法と同様な補強効果として耐荷性と疲労耐久性を確保することが見込まれる．しかし，上面増厚工法においても明確な維持管理方法は規定されておらず，維持管理者が新たな管理方法を定めることが必要である．

　橋面コンクリート舗装は，既設 RC 床版への劣化因子の侵入を防止する物質浸透抵抗性を有する．橋面コンクリート舗装のひび割れは，雨水や塩化物などの劣化因子の侵入の原因となり，道路橋床版の損傷や劣化を招く可能性がある．物質浸透抵抗性については，断面修復工法[1]や表面保護工法[6]の維持管理を参考にすると良い．

　橋面コンクリート舗装は，一般的に表層としてアスファルト舗装が施工される道路橋床版や上面増厚工

法とは異なり，通行車両による荷重や気象などの影響を直接受ける構造体である．このため，道路利用者の利便性や安全を第一に考えた場合，路面の走行安全性や走行快適性の観点から，道路巡回などの日常点検を行い，路面の変状（破損や損傷）を早期に発見し，維持管理に繋げると良い．また，路面の摩耗，凹凸および起終点部の段差は，走行する車両の安全性や快適性に影響し，路面のすべり抵抗性の低下は事故の要因となる可能性がある．路面調査としては，①ひび割れ度，②わだち掘れ深さ，③平たん性（IRI，縦断的な凹凸や起終点部の段差），④すべり抵抗値やすべり摩擦係数，などの定量調査がある．破壊原因の調査としては，①たわみ量測定による方法，②解体調査による方法や，路面として表出していることから③非破壊による調査なども可能であり，一般的なコンクリート舗装の調査方法[7)8)]を参考に，橋面コンクリート舗装においても調査を行うことが望ましい（資料編 3 および資料編 4 を参照）．

　既設 RC 床版との付着性能は重要な維持管理項目の一つである．一体性の確保については，路面のひび割れ調査や，既設 RC 床版との浮きやはがれがないことを打音法などの非破壊試験方法による点検調査など，維持管理者が維持管理方法を定めることが望ましい．

　これらの性能の維持管理においては，一般的な路面からの日常点検や，橋梁床版の定期点検による維持管理として行われることが望ましい．また，点検において路面からみた異常や床版下面の変状が認められた場合には，必要に応じて詳細調査を行うとともに適切な対策を施すことが重要となる（資料編 3 を参照）．

【第 5 章　参考文献】

1)　土木学会：道路橋床版の維持管理マニュアル 2020，鋼構造シリーズ 35，2020

2)　土木学会：2018 年制定　コンクリート標準示方書［維持管理編］，2018

3)　土木学会：2014 年制定　舗装標準示方書，2015

4)　土木学会：セメント系材料を用いたコンクリート構造物の補修・補強指針，コンクリートライブラリー150，2018

5)　日本道路協会：道路橋床版防水便覧，2007

6)　土木学会：表面保護工法　設計施工指針（案），コンクリートライブラリー119，2005

7)　日本道路協会：コンクリート舗装ガイドブック 2016，2016

8)　日本道路協会：平成 29 年版　舗装点検必携，2017

本編における用語の解説

橋面舗装：交通荷重による衝撃作用，雨水の浸入や温度変化などの気象作用などから床版を保護するとともに，通行車両の快適な走行を確保する橋梁床版上の舗装.

コンクリート舗装：橋梁床版上を除く土工部やトンネル内では，路盤と，表層部がコンクリート版からなる舗装であり，橋梁床版上では表層の橋面舗装をコンクリート版とした舗装．コンクリート版は，交通の安全性や快適性などの走行性能を有し，車両の荷重を分散させる.

橋面コンクリート舗装：道路橋床版の長寿命化を目的として床版の安全性・使用性・耐久性などを向上させる性能，および走行性能を有する構造体.

性能：使用する目的あるいは要求に応じて構造物が発揮すべき能力.

要求性能：構造物がその目的を達成するために保有すべき性能.

安全性：構造物が利用者，および第三者の生命・財産を脅かさないために必要な性能.

使用性：構造物の利用者が許容限度以上の不快感，不安感を覚えず，快適に構造物を利用するために必要な性能.

耐久性：荷重作用あるいは環境作用による構造物あるいは部材の性能の低下に対する抵抗性．鋼・合成構造物では，一般に環境作用による鋼材腐食，荷重作用による疲労現象，およびコンクリート部材の材料劣化や耐荷力の低下を考慮する.

ライフサイクルコスト：構造物の構造計画，設計，施工，供用・維持管理，解体までを含めたライフサイクル期間において必要とされるコストの総量.

耐荷性：荷重作用に対する構造物の安全性．荷重作用によって構造物あるいは部材が断面破壊に至らない性能.

疲労耐久性：荷重作用による疲労現象に対する構造物あるいは部材の耐久性.

物質浸透抵抗性：コンクリートの劣化を誘発する物質，例えば，水，塩化物イオンや二酸化炭素等がコンクリートの中を移動，あるいは，透過，拡散することに対する抵抗性.

走行性能：舗装に対する要求性能のうち、走行安全性能と走行快適性能のこと.

走行安全性能：すべり，段差，わだち掘れおよびすり減りで表される安全性に関わる性能.

走行快適性能：ラフネスおよび段差で表される快適性に関わる性能.

一体性：異なる部材同士が適当な付着で接合され，荷重作用や環境作用に対して一体となって抵抗する性能.

施工性：構造物の製作，施工中における施工の安全性および確実性.

維持管理：構造物の供用期間内において，構造物の性能を要求された水準以上に保持するためのすべての行為.

点検：構造物の状態とその変化を把握するとともに，構造物の性能評価を行うために必要な情報を得るための行為．一般に，初期点検，日常点検，定期点検および臨時点検がある．なお，評価等の判断行為は含まない.

変状：構造物や部材において発生した通常とは異なる状態，欠陥，劣化，損傷等の総称.

ラフネス：路面のラフネスとは，路面の凹凸である。道路の縦断方向に発生する凹凸や起伏の度合いを評価することを目的として、長く国内では平たん性が路面のラフネスの指標として用いられてきた．平たん性は，基準面から高低差の平均値に対する標準偏差であらわされる．近年は，世界各国のラフネスを相互比較できるようにすることを目的に，世界銀行から IRI（国際ラフネス指数：International Roughness Index）が提案され，路面性状の指標として用いられる.

テクスチャ：路面のテクスチャとは，舗装表面の微細な凹凸成分であり，粗さの目安となるきめ深さで表される．表面の物理形状が交通騒音や路面のすべりに大きな影響を与える．

リフレクションクラック：下層のひび割れに誘発（reflective）されて上層に入るひび割れ．

ショットブラスト：研削材を高速で衝突させ，RC 床版面を細かく切削および打撃することによって付着物や脆弱物を除去して清浄化または粗面化する乾式の下地処理方法．特に，研削材に鋼球を使用する工法をスチールショットブラスト工法という．

ウォータージェット：超高圧の水流を RC 床版面に衝突させ，この水噴流によって生じる衝突圧と衝突力および水くさび作用によって劣化部を除去または表面を研掃する湿式の下地処理方法．

ダイヤモンドグラインディング：ダイヤモンドカッターを筒状に並べドラムを装着した機械によりコンクリート舗装の表面から薄層を除去する工法．目地部の段差の修正や走行性・安全性の向上や表面形状の修復などに使用する．

グルービング：硬化した路面に車輌の走行方向と平行あるいは直角方向に，等間隔に一定形状の浅い溝を切る工法．切削した溝に路面排水を流すことによって舗装路面のすべり抵抗を増大させる．

上面増厚工法：上面増厚工法は，道路橋のコンクリート床版の曲げ耐力と押抜きせん断耐力を向上させる補強工法であり，既設コンクリート床版の上面を 10mm 切削し，ショットブラストによる研掃処理後に鋼繊維補強コンクリートを高締固め能力を有する専用フィニシャで施工することが一般的である．近年では，高耐久化を目的に打継ぎ界面に接着剤を塗布する場合もある．

セメントコンクリート：セメント，水，細骨材，粗骨材及び必要に応じて加える混和材料を構成材料とし，これらを練混ぜその他の方法によって混合したもの，又は硬化させたもの．

ポリマーセメントコンクリート：結合材にセメント及びセメント混和用ポリマー（又はポリマー混和剤）を用いたコンクリート．

レジンコンクリート：結合材にポリマー（液状レジン）のみを用いて粗骨材，細骨材および充てん材を結合したコンクリート．ポリマーコンクリートともいう．

塩化物イオン透過量：急速塩化物イオン透過性試験（AASHTO T 277-83）の 60V の一定電圧下で 6 時間の間にコンクリート中を流れる電気量（クーロン）で，塩化物イオン透過性の評価基準になるもの．

資料編1
橋梁床版上におけるコンクリート舗装の現状

第 1 章　日 本 編

1.1　わが国の橋梁床版におけるコンクリート舗装の現状

　日本の道路舗装では，戦後から 1960 年頃までコンクリート舗装は 30％を超える程度のシェアがあったが，その後，アスファルト舗装の施工性や，損傷時の早期の復旧性などが評価され，近年まで，トンネルなど走行時の明るさ確保の目的で用いられること以外にコンクリート舗装が用いられることは極めて少なくなった．2010 年までのコンクリート舗装とアスファルト舗装の供用比率を**図-1.1.1** に示す．最近では，厳しい財政に直面するなか，国土交通省ではライフサイクルコスト最小化と道路の品質確保の観点から，コンクリート舗装の積極的活用が提案され，トンネル部以外の箇所でもアスファルト舗装とコンクリート舗装について比較検討するようになり，コンクリート舗装の採用が増えている．NEXCO が管轄する高速道路ではコンクリート舗装を基層としたコンポジット舗装の実績が増加しており，さらに 1DAYPAVE（早期交通開放型コンクリート舗装）のような新しい技術開発の成果を受けて，土工部の道路などを中心にコンクリート舗装が見直されてきている．

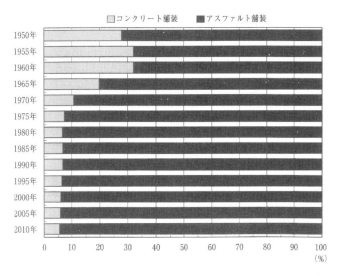

図-1.1.1　コンクリート舗装とアスファルト舗装の供用比率[1]

　したがって，橋面舗装にコンクリート舗装を実施することはとくに取り立てて難問があるわけではなく，都市内で騒音が懸念される箇所などでアスファルト舗装が採用される箇所を除けば，米国などでは橋面舗装にはコンクリート舗装が一般的に採用されている．

　橋面にコンクリート舗装を施すことの課題としては，

① 比較的薄いコンクリートを打設することになるが，乾燥収縮ひび割れなどに対する養生方法などの対策に問題はないか

② 既設コンクリート床版との接着性に問題ないか

③ アスファルト舗装と比較すると平坦性に劣るが，歩行性や走行性に問題ないか

④ アスファルト舗装と比較すると騒音が大きいと言われているが，問題はないか

⑤ コンクリートの透水性や塩分浸透性は床版の耐久性に及ぼす問題はないか

といったところがある．

　課題の①，②については，高速道路の上面増厚工法などで既に多くの実績があり，検討を重ねて解消された課題である．

　課題の③，④については，地方道という比較的交通量が少なく，高速走行の必要性がなく，人家から離れた橋梁への使用という条件を付ければ，課題とする必要はなくなる．

　課題⑤については，米国における調査などから，塩分が侵入することによる悪影響は，既設床版の鉄筋のかぶりが大きくなること，密実なコンクリートを打つこと，エポキシ樹脂塗装鉄筋を使用することで課題は解消されている．

　なお，米国における調査の結果，新設の床版施工では，床版コンクリートと舗装コンクリートを一体として施工することが多いことが判明した．床版と舗装の剥離の課題を解消すると同時に，上側鉄筋のかぶりを確保でき，塩分浸透や中性化の問題の対策としていることが分かった．詳細は文献 [2] [3] を参照されたい．

　日本では，塩害地域以外でエポキシ樹脂塗装鉄筋を地方の橋梁で使う例はほとんどないが，岩手県の九年橋ではエポキシ樹脂塗装鉄筋を使うことなく，融雪剤を散布する環境で 100 年に近い供用実績をもつ例も存在（本章 1.2.4 参照）し，コンクリート舗装の橋面舗装への適用について十分な可能性がある．

　コンクリートは橋面舗装にすぐにでも使用できると考えられるが，とくに①や②の課題に対しては，試験施工など十分な検討を実施することが重要である．本ガイドラインでは，資料編 2 に橋面コンクリート舗装の共通試験，資料編 3 および資料編 4 に橋面コンクリート舗装の実橋試験施工事例を収録しているので併せて参照されたい．

1.2　過去のコンクリートを用いた橋面舗装の事例

1.2.1　昭和 30 年代から 40 年代のコンクリートを用いた橋面舗装の施工事例

　昭和 30 年代から 40 年代に建設された橋面コンクリート舗装の事例を以下に紹介する．

(1) 京都府舞鶴市　府道東雲停車場線　八雲橋（1956 年）

　本橋は，昭和 31 年に供用が開始された補剛吊橋（主塔 12m，支間 115m，幅員 5m）である（**写真-1.2.1
～4**）．平井敦先生（東京大学）の「鋼橋Ⅲ」に詳しく紹介されている橋梁であり，建設後の振動計測結果や写真・図面が掲載されている．平井先生の撓（とう）度理論を実践した吊橋であり，日本が誇る明石海峡大橋への一歩を飾る橋の一つである．京都府により丁寧に維持管理されている．

写真-1.2.1　八雲橋の全景 (2014.6)

写真-1.2.2　八雲橋の路面の状況 (2014.6)

写真-1.2.3　八雲橋の修繕箇所1(2014.6)

写真-1.2.4　八雲橋の修繕箇所2(2014.6)

(2)　長野県　主要地方道丸子線　依田川橋（1960）※現在はアスファルト舗装

　　本橋は，昭和35年に供用が開始された5径間RCゲルバー橋（橋長88.2m，幅員5.2m）である（写真-1.2.5～6）．建設から約47年が経過した2007年に舗装や高欄などの修繕が計画され，2008年にコンクリート舗装からアスファルト舗装に打ち替えが行われた．床版下面には，ひび割れや遊離石灰が生じている状況であった．路面は骨材が露出しており，一部骨材の抜け，横断方向にひび割れが生じていた．

写真-1.2.5　依田川橋の側面状況（2007.9）

写真-1.2.6　依田川橋の路面の状況（2007.9）

(3)　茨城県道61号日立笠間線　栄橋（久慈川の橋梁、1958）※一部SFRCに（2006）

　　本橋は，昭和33年に供用が開始された鋼2主桁ゲルバー橋数連（橋長316m，幅員6m）である（写真-1.2.7）．写真手前の約20mは2006年に鋼繊維補強コンクリート（SFRC）で補修されている（写真-1.2.8）が，その奥の区間は，建設当時のコンクリート舗装が残っており，骨材の露出，一部骨材の抜け出し，ひび割れが見られる（写真-1.2.9）．

写真-1.2.7　栄橋の路面の状況（2014.1）

写真-1.2.8　栄橋の SFRC 舗装上面

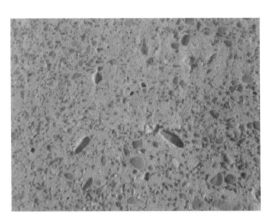

写真-1.2.9　栄橋のコンクリート舗装上面

(4)　埼玉県道・茨城県道 267 号幸手境線　上船渡橋（1961）※現在はアスファルト系材料で表面処理

　　本橋は，昭和 36 年に供用を開始したプレキャスト T 桁橋 2 連（橋長 42.1m，幅員不明）である（**写真-**
1.2.10〜11）．コンクリート舗装は，骨材が露出しており，一部骨材の抜け出しが見られる．床版下面は，
補修されたかの如く健全な状況である．橋台，親柱，地覆は雨風にさらされていることと，桁よりコンク
リートの強度が低いためか，経年劣化が見られる．2014 年 9 月に薄層の舗装が施工されていた．

写真-1.2.10　上船渡橋の側面状況

写真-1.2.11　上船渡橋の路面の状況（2013.6）

(5)　島根県　大蔭橋（津和野川の橋梁，1965）

　本橋は，昭和40年に供用を開始したHBB橋2連（橋長43.2m，幅員2m）である（設計荷重：T-6）．津和野川の橋梁（**写真-1.2.12**）であり，幅員は狭いが軽トラックが走行可能である．コンクリート舗装は，骨材が露出しているが非常に健全である．白くなっている部分が軽トラックの車輪走行位置である（**写真-1.2.13**）．床版下面も健全な状況であるが，主桁には腐食が見られる．

写真-1.2.12　大蔭橋の側面状況（2014.6）

写真-1.2.13　大蔭橋の路面の状況（2014.6）

(6)　新潟県道22号　双川橋（長岡市のJR越後線　寺泊駅付近，1966）

　本橋は，昭和41年に供用を開始した単純H形鋼の連結桁（橋長20m程度，幅員8.5m程度）である（**写真-1.2.14**）．地覆と高欄は新設されているが，コンクリート舗装は建設当初のままと思われ，骨材が露出した状態である（**写真-1.2.15**）．また交差点付近であるため，頻繁に制動荷重が作用するが，骨材の抜け出しは，ほとんど見られない．また，床版下面には目立った損傷は見られない．桁は，2連の単純H形鋼橋の腹板を連結し連続桁に変更されており，なぜか中間支点に落橋防止装置が設置されている．2011年に塗装が行なわれているが，桁端は滞水し易い構造であるため汚れが目立つ．橋台は，落橋防止対策のためなのか，橋座面が拡幅されていた．

写真-1.2.14　双川橋の橋面（2014.8）

写真-1.2.15　双川橋の路面の状況（拡大）（2014.8）

1.2.2　寒冷地におけるコンクリートを用いた橋面舗装の施工事例

(1)　北海道における施工事例（山水橋，湖水橋，群別橋）

　北海道内のコンクリート舗装については，昭和 20 年代の前半から施工の実績が報告されている．昭和 36 年度は，北海道のコンクリート舗装は 20%，アスファルト舗装が 80%を占めていた．昭和 33 年 3 月に「道路整備緊急措置法」が公布され，道路舗装の整備を急ぐ必要があったため，施工が迅速にできるアスファルト舗装の施工が多くなった．そのため，昭和 40 年にはコンクリート舗装の比率は 9%，昭和 52 年には 2%に低下した[4]．近年は社会資本整備・維持管理に対するコスト縮減への社会的要請により，道路舗装においても，高耐久・長寿命化が求められている．耐久性が高く，長寿命化が期待できるコンクリート舗装への関心が高まっている．

　本項では，北海道開発局で管理する国道のコンクリート舗装の状況について，一般国道 453 号，231 号の代表的な 3 橋の調査結果をとりまとめた．

(2)　各橋梁調査結果[5][6]

a)　山水橋

　本橋は**表-1.2.1** に示すとおり 1966 年に供用が開始された「単純合成鈑桁橋×2 連」で構成された 2 径間の橋梁である（**写真-1.2.16～21**）．カルテ履歴より，主な補修履歴等は，平成 21 年に支承モルタル，A2 橋台補修が行われ，平成 22 年に伸縮装置取替工，床版，橋台補修が行われている．また，前回の点検は平成 24 年度に行われている．

　劣化損傷状況としては，第 2 径間（終点側）のコンクリート舗装路面に補修（打換え等）跡があり，床版下面に滲出を伴う遊離石灰や床版ひびわれが見られる．A1・A2 伸縮装置付近にも橋面水の浸透が見られる．なお，浸出した遊離石灰に錆汁の混入は見られない．第 1 径間（起点側）の床版および路面については，若干のポットホールはあるものの補修跡も無く比較的健全な状態が保たれている．

表-1.2.1　橋梁諸元（山水橋）

橋梁名		山水橋
路線名		一般国道 453 号
所在地		恵庭市盤尻
供用開始日		1966 年 11 月 30 日
上部構造形式		単純合成鈑桁橋 2 連
下部構造形式		重力式橋台 2 基，T 型橋脚柱円型（RC）
基礎形式		直接基礎 3 基
活荷重・等級		TL-20，1 等橋
適用示方書		昭和 39 年　鋼道路橋設計示方書（改訂）
幅員	全幅員	7.40m
	有効幅員	6.50m
交通量		2,264 台／昼間 12 時間
大型車混入率		14.5%
橋梁点検		H24 年度(2012)

写真-1.2.16　山水橋の全景（起点側）

写真-1.2.17　山水橋の全景（終点側）

写真-1.2.18　山水橋の路面状況（起点側）

写真-1.2.19　山水橋の路面状況（終点側）

写真-1.2.20　山水橋の床版仮面状況（起点側）

写真-1.2.21　山水橋の床版下面状況（終点側）

b)　湖水橋

　本橋は**表-1.2.2**に示すとおり1970年に供用が開始された「単純合成鈑桁橋」である（**写真-1.2.22～27**）．カルテ履歴より，主な補修履歴等は，平成10年度に落橋防止装置取付け，平成18年度に防護柵取替え，ガードレール取付け，転落防止柵取付け，ブラケット取付け，平成21年度に沓座モルタル補修が行われている．また，前回の点検は平成25年度に行われている．

　劣化損傷状況としては，床版に遊離石灰の浸出を伴う床版ひびわれが見られ，部分的に水染みが見られる．A1・A2伸縮装置付近にも橋面水の浸透が見られ，床版上面の劣化が懸念される．なお，滲出した遊離石灰に錆汁の混入は見られない．また，伸縮装置周辺の路面に凸凹（舗装打換え跡）やクラックが見られる．

表-1.2.2　橋梁諸元（湖水橋）

橋梁名		湖水橋
路線名		一般国道453号
所在地		千歳市幌美内
供用開始日		1970年4月1日
上部構造形式		単純合成鈑桁橋
下部構造形式		重力式橋台2基
基礎形式		直接基礎2基
活荷重・等級		TL-20，　1等橋
適用示方書		昭和39年　鋼道路橋設計示方書（改訂）
幅員	全幅員	8.20m
	有効幅員	7.00m
交通量		2,176台／昼間12時間
大型車混入率		6.7%
橋梁点検		H25年度(2013)

写真-1.2.22　湖水橋の全景（起点側）

写真-1.2.23　湖水橋の全景（終点側）

写真-1.2.24　湖水橋の路面状況（起点側）

写真-1.2.25　湖水橋の路面状況（終点側）

写真-1.2.26　湖水橋の床版下面状況（起点側）

写真-1.2.27　湖水橋の床版下面状況（終点側）

c)　群別橋

　本橋は，**表-1.2.3**に示すとおり1970年に供用開始され，単純鋼溶接合成 I 桁～2 連で構成された 2 径間の橋梁である（**写真-1.2.28～33**）．その後，昭和 54 年に歩道添架，昭和 63 年と平成 10 年に橋体塗替，平成 17 年に高欄取替・落橋防止装置の設置・耐火防護が行われている．前回点検は平成 23 年度に行われている．

　劣化損傷状況としては，床版の一部でひびわれ，剥離・鉄筋露出，遊離石灰が部分的に見られるが，大きな水染み等は見られない．コンクリート舗装路面はポットホールが若干見られるが，大きな劣化損傷は無く比較的健全性が保たれている．

表-1.2.3　橋梁諸元（群別橋）

橋梁名		群別橋
路線名		一般国道 231 号
所在地		石狩市浜益区群別
供用開始日		1970 年 10 月 31 日
上部構造形式		単純鋼合成 I 桁
下部構造形式		壁式橋脚（RC），逆 T 式橋台 2 基
基礎形式		直接基礎 3 基
活荷重・等級		TL-20，　1 等橋
適用示方書		昭和 42 年 9 月 9 日道路局長通達
幅員	全幅員	9.10m
	有効幅員	8.50m
交通量		3,267 台／昼間 12 時間
大型車混入率		25.7%
橋梁点検		H23 年度(2011)

写真-1.2.28　群別橋の全景（起点側）

写真-1.2.29　群別橋の全景（終点側）

写真-1.2.30　群別橋の路面状況（起点側）

写真-1.2.31　郡別橋の路面状況（終点側）

写真-1.2.32 群別橋の床版下面状況 (起点側)　　写真-1.2.33 群別橋の床版下面状況 (終点側)

1.2.3 跨道橋におけるコンクリートを用いた橋面舗装の施工事例

高速道路におけるコンクリート舗装はトンネル部で多くみられるが，橋梁部ではほとんど事例がない．これは，旧日本道路公団および現行 NEXCO 設計要領で，高速道路橋の橋面舗装はアスファルト舗装を原則としていることによるが，東北自動車道の建設初期の 1970 年代に，矢板〜白川工事区では土工部 (明かり部) を含めてコンクリート舗装で建設された事例もある[7]．しかし，交通事故対策および走行快適性の確保のため後にアスファルト混合物でオーバーレイされ，現在では表層はアスファルト舗装になっている．

一方，旧日本道路公団が建設した跨高速道路橋 (オーバーブリッジ) については，コンクリートを用いた橋面舗装の事例がある．旧日本道路公団・新潟建設局の設計の手引き (案)[8] (以下「手引き (案)」という) によると，跨高速道路橋の橋面舗装は，原則として取付け道路と同じにしている．取付け道路がコンクリート舗装あるいは砂利道であった場合の橋面舗装はコンクリート舗装に，アスファルト舗装であった場合はアスファルト舗装が採用された．手引き (案) によると，舗装の最小厚は 5cm であり，橋体と別打ちが標準となっている．

写真-1.2.34 人母跨道橋の全景　　　　　　　写真-1.2.35 人母跨道橋の路面状況

写真-1.2.34 および**写真-1.2.35** は，コンクリート舗装で施工された北陸自動車道の森本 I.C.〜小矢部 I.C.間の人母跨道橋である．供用開始は昭和 49 年であり，当該橋梁の諸元を**表-1.2.4** に，断面図を**図-1.2.1** に示す．横断は拝み勾配で 2% であり，舗装厚は，端部で 5cm，中央部で 8cm である．本橋は，林道とし

て利用されており交通量は非常に少ない．コンクリート舗装には，ASR によると推定されるひび割れが橋軸方向に生じているが，使用性には問題はない状況であった．

表-1.2.4　人母跨道橋の諸元

橋梁形式	斜材付π型PCラーメン橋
橋長(m)	42.0
車線数	1
有効幅員(m)	3.0
設計荷重	TL-14

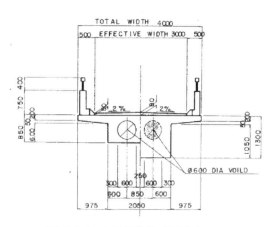

図-1.2.1　人母跨道橋の断面図

　写真-1.2.36 および写真-1.2.37 は，同様にコンクリート舗装で施工された北陸自動車道の小松 I.C.〜美川 I.C.間の山口釜屋跨道橋の状況である．供用開始は昭和 47 年で取付け道路の舗装が現在はアスファルト舗装になっていたが，橋面はいまだにコンクリート舗装である．当該橋梁の諸元を表-1.2.5 に示す．

表-1.2.5　山口釜屋跨道橋の諸元

橋梁形式	斜材付π型PCラーメン橋
橋長(m)	42.0
車線数	2(片側歩道付)
有効幅員(m)	8.0
設計荷重	TL-14

写真-1.2.36　山口釜屋跨道橋の全景

写真-1.2.37　山口釜屋跨道橋の路面状況

　横断勾配は拝みで 2%であり，舗装厚は端部で 5cm，センターライン部で 11cm である．当該橋梁は，運動公園への連絡路として利用されており，大型車の交通量は極めて少ないが乗用車の交通量は多い．コンクリート舗装は，若干の磨耗がみられるが，使用性については問題はない状況であった．

　ここで紹介した跨道橋のコンクリート舗装は，供用後 40 年を超えているが，舗装としての供用性について問題を生じているわけではない．

1.2.4　90 年を経過した橋面コンクリート舗装施工事例

(1)　九年橋の概要

　九年橋は，明治 9 年に明治天皇が行幸する際に木橋としてかけられたことに由来する岩手県北上市の一級河川和賀川に架かる歴史的な橋梁（写真-1.2.38）であり，橋面コンクリート舗装の要求性能を満足すると考えられる事例として紹介する．九年橋は，1922 年（大正 11 年）に架設された橋長 179.2m の単純 4 主

鈑桁 8 連と，1933 年（昭和 8 年）に架設された橋長 154.8m の単純 2 主鈑桁 9 連で構成されており，前者は供用開始から 90 年以上経過している．九年橋の橋梁諸元を**表-1.2.6** に，橋梁一般図を**図-1.2.2** に示す．4 主鈑桁の床版は，大正 11 年当時は 61mm（0.2 尺）厚の硬質タークレー舗装であったが，その後平均 230mm 厚の RC 床版の上に 50mm 厚のコンクリート舗装を敷設しており，2 主鈑桁の床版は平均 220mm 厚の RC 床版の上に 50mm 厚のコンクリート舗装を敷設している．4 主鈑桁の床版は 1800mm ピッチで橋軸直角方向に配置された I 形鋼で支持されており，床版支間方向は橋軸方向である．2 主鈑桁の床版は主桁と縦桁で支持されており，床版支間方向は橋軸直角方向である．車道の路面は，走行性向上のために全長にわたってコンクリート舗装の上にアスファルト舗装が敷設されていた．

写真-1.2.38　九年橋

表-1.2.6　九年橋の橋梁諸元（大規模修繕工事前）

形式	左岸側：単純 4 主鈑桁 8 連
	右岸側：単純 2 主鈑桁 9 連
橋長	334m （左岸側：179.2m，右岸側：154.8m）
幅員	6.35m
所在地	岩手県北上市　和賀川

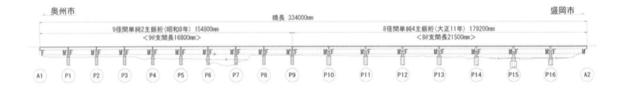

(a) 側面図

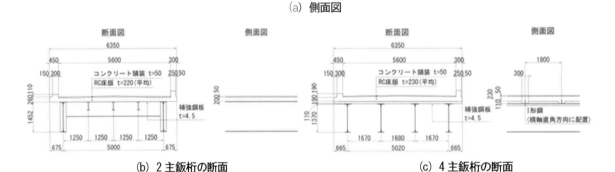

(b) 2 主鈑桁の断面　　　　　(c) 4 主鈑桁の断面

図-1.2.2　橋梁一般図

(2)　床版コンクリートの施工方法

　4 主鈑桁の新設当時（1922 年）は，コンクリートは容積配合が一般的で，練混ぜ用のミキサも普及には至っていない時代であった．その後，水セメント比の考え方が普及し，それを踏まえた土木学会から初の鉄筋コンクリート標準示方書が発刊（1931 年）され，重量計量が始まっている．さらに，1923 年〜1930 年頃にミキサが普及することで，一度の施工量が増大し，フレッシュコンクリートの性状や打ち重ねなどの施工方法が改善されたと考えられる．なお，内部振動機は 1938 年頃から使われ始めることから，九年橋の 2 主鈑桁施工時には使われておらず，突き棒などによる人力で，施工されたと考えられる．

　4 主鈑桁における床版コンクリートは，**図-1.2.3** に示すように床版内に打継目が見られず，コンクリート舗装との間に打継目があることから，床版施工後にコンクリート舗装が設置されたものと推察できる．一方，2 主鈑桁では**図-1.2.4** に示すように，床版と横断勾配を調整する調整コンクリートの間に打継目が設けられており，調整コンクリートとコンクリート舗装の間には打継目は見られず，コンクリート舗装の骨材が調整コンクリートに食い込んでいることから調整コンクリートがまだウェットな状態でコンクリート舗装が施工されたと推察される．

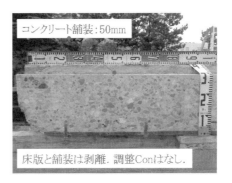

図-1.2.3　九年橋の 4 主鈑桁の床版断面

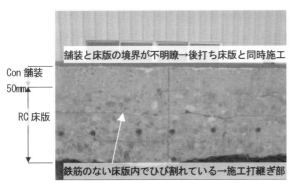

(a) 床版上下打継ぎ　　　　　　　　(b) 床版コンクリート・舗装同時施工

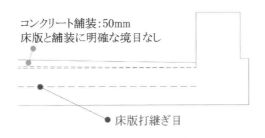

(c) 床版の施工時打継ぎ目

図-1.2.4　九年橋の 2 主鈑桁の床版断面

(3)　舗装

a)　アスファルト舗装

　アスファルト舗装は，4 主鈑桁，2 主鈑桁ともに，コンクリート舗装の上から行われており，4 主鈑桁では幅員中央部の施工継目に**写真-1.2.39** に示すような，ひび割れが生じていた．この舗装は，平成24 年度の九年橋設計業務成果に，昭和39 年当時の復元設計にアスファルト舗装がなく「As 舗装無いと推定される」と記載されていることから，昭和40 年代にコンクリート舗装の上からアスファルト舗装が施工されたと考えられる．

写真-1.2.39　九年橋の2主鈑桁のアスファルト舗装の状況

b) コンクリート舗装

　4主鈑桁の新設時の舗装は，硬質タークレー（当時のコールタール舗装）0.2尺（61 mm）であったことが，当時の内務省土木試験所から1925年（大正14年）12月25日に発行された「本邦道路橋輯覧」に示されている．しかし，調査時点では4主鈑桁のアスファルト舗装の下にはコンクリート舗装が施されおり，後述する材料調査などから2主鈑桁のコンクリート舗装と同様の材料が使用されていることが確認された．そのため，2主鈑桁のコンクリート舗装の施工時に，供用開始から11年経過した4主鈑桁の硬質タークレーを撤去し，コンクリート舗装に打換えたと推察される．なお，4主鈑桁のコンクリート舗装は，硬質タークレーを撤去した後に施工されたため，幅員中央部に**写真-1.2.40**，**写真-1.2.41**に示すような目地があり，**写真-1.2.42**のような目地部付近のコンクリート舗装の損傷が確認された．

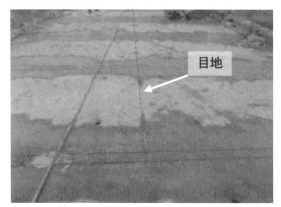

写真-1.2.40　コンクリート舗装の目地

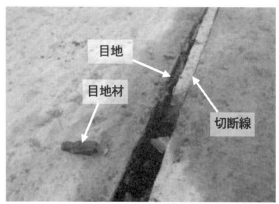

写真-1.2.41　目地部の詳細

　昭和8年当時の舗装は，コンクリート舗装が一般的であり，当時の内務省土木局から昭和5年に「セメントコンクリート舗装標準示方書」，昭和6年に「膠石(こうせき)舗装標準示方書」が発刊されたことから，昭和4年におけるコンクリート舗装の80%が膠石舗装（グラノリシック舗装）であった．

　九年橋のコンクリート舗装は，使用材料の分析結果や文献調査等から膠石舗装と考えられる．また，コンクリート舗装や床版に使用されている骨材は，現在の規格にない大きなものも使用されている．

　膠石舗装は，大正13年〜昭和10年頃によく施工された舗装で，容積配合 1:3:6[セメント：砂：砂利]のコンクリートを厚さ13〜15cmに打ち込んで，まだ固まらないうちに，厚さ4〜5cmの膠石（セメント：砕

石＝1：1.2～2.0）をよく突き固めて密着させたものである．そのため，鉄輪の車による摩耗が普通のコンクリートより少なく，砂なしで砕石が直接表面へ現れるので，摩耗しにくいという特徴がある[7]．

コンクリート舗装の目地

写真-1.2.42　目地部の損傷

(4)　コンクリートの材料試験

　4主鈑桁と2主鈑桁の健全部よりコンクリートコアを採取し材料試験を行った．圧縮強度試験，静弾性係数試験，配合推定の結果を**表-1.2.7**に，電子線マイクロアナライザー（EPMA）による面分析の結果を**表-1.2.8，図-1.2.5**にそれぞれ示す．圧縮強度試験の結果から，**表-1.2.7**に示すように九年橋の床版コンクリートの圧縮強度は4主鈑桁で26.1N/mm²，2主鈑桁で41.5N/mm²，舗装コンクリートの圧縮強度は，4主鈑桁で71.7N/mm²，2主鈑桁で54.5N/mm²であり，文献調査より，当時の床版の設計に使用されていたコンクリートの圧縮強度は135kgf/cm²（13.2N/mm²）と考えられることから，非常に高強度であることがわかった．

　SO_3濃度から判断される炭酸化は表面近くに限られていた．さらに，塩化物の浸入は床版上面付近のみに認められた．鉄筋の腐食が全くなく，鉄筋位置での中性化および塩化物を原因とする床版の劣化はなかった．道路管理者である北上市に確認したところ，北上市では約10年前まで融雪剤の散布は行なっておらず，それ以降に散布を始めた融雪剤には尿素が主成分のものを使用しているとの情報を得ており，この情報と一致する結果となった．　これらの材料試験の結果から，舗装コンクリートと床版コンクリートは配合，使用骨材が異なり，床版コンクリートと調整コンクリートは同じものと推定された．また，4主鈑桁と2主鈑桁で使用材料に明確な違いは認められなかった．

表-1.2.7　圧縮強度試験，静弾性係数試験，配合推定結果

試験体名		圧縮強度 (N/mm²)	静弾性係数 (kN/mm²)	配合推定				
				単位容積質量 (kg/m³)	材料単位量(kg/m³)			水セメント比(%)
		3体の平均値	3体の平均値		セメント	水	骨材	
4主鈑桁	舗装コンクリート	54.5	13.3	2414	372	173	1869	47
	床版コンクリート	26.1	18.4	2298	338	165	1795	49
2主鈑桁	舗装コンクリート	71.7	36.4	2417	397	141	1878	36
	調整コンクリート	50.3	27.6	2351	304	163	1884	54
	床版コンクリート	41.5	23.1	2388	246	153	1989	62

表-1.2.8　EPMA による面分析の結果

着目成分	調査項目	4 主鈑桁	2 主鈑桁
CaO	・骨材の形状 ・セメント量 ・空隙の有無	・舗装コンクリートは床版コンクリートと比べてセメント量が多い．骨材の形状から舗装コンクリートは砕石，床版コンクリートは砂利と判断される． ・2 主鈑桁に比べ，コンクリートの充填状況にばらつきがある．	・舗装コンクリートは調整コンクリートおよび床版コンクリートと比べてセメント量が多い．骨材の形状から舗装コンクリートは砕石，調整コンクリートと床版コンクリートは砂利と判断される． ・舗装コンクリートと床版コンクリートは充填状況が均一である．調整コンクリートは床版コンクリートに比べて充填がやや不足している．
SiO$_2$	・骨材の種類 ・骨材の形状 ・空隙の有無	・舗装コンクリートの骨材と床版コンクリートの骨材は異なる． ・舗装コンクリートおよび床版コンクリートの骨材は 2 主鈑桁のそれぞれと同じ種類であると判断される．	・舗装コンクリートの骨材と調整コンクリートおよび床版コンクリートの骨材は異なる． ・舗装コンクリートおよび床版コンクリートの骨材は 4 主鈑桁のそれぞれと同じ種類であると判断される．
SO$_3$	・炭酸化の 　表面からの深さ	・炭酸化が舗装コンクリート表面で確認されたが，長い供用期間を考慮すると，きわめて小さいものと判断される．	・炭酸化が舗装コンクリート表面および調整コンクリートと床版コンクリートの境界付近で確認されたが，長い供用期間を考慮すると，きわめて小さいものと判断される．
Cl	・塩分の浸入深さ	・舗装コンクリート表面に塩化物の浸入が確認されたが，浸入した塩化物は 2 主鈑桁より少ない．	・舗装コンクリート表面に塩化物の浸入が確認されたが，鉄筋が全く腐食していなかったことから，塩化物を原因とする床版の劣化はないと判断される．

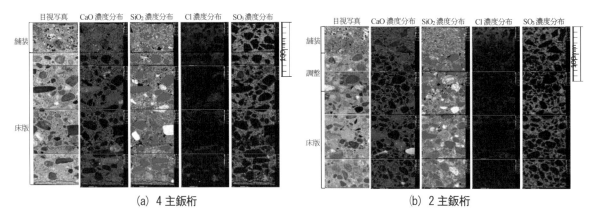

(a) 4 主鈑桁　　　　　　　　　　(b) 2 主鈑桁

図-1.2.5　EPMA 面分析の結果

(5)　床版の損傷状況

　4 主鈑桁，2 主鈑桁の床版を撤去した試験体の外観観察の結果を，それぞれ，**表-1.2.9**，**表-1.2.10** に示す．

　4 主鈑桁の撤去床版試験体の外観観察の結果，床版上面からのひび割れ進展と水の浸入，アスファルト舗装下にあったコンクリート舗装と地覆の境界部からの水の浸入および床版とコンクリート舗装の剥離による損傷が認められた．2 主鈑桁と同様にコンクリート舗装と地覆の境界部からの水の浸入による損傷が認められた．また，4 主鈑桁では床版とコンクリート舗装に明確な境目があり 2 層構造となっている．4 主鈑桁は建設当時，硬質タールクレーによる舗装がなされていたが，2 主鈑桁の施工に合わせてコンクリート舗装に変更され，コンクリート舗装と床版の 2 層構造となっていることがわかった．

　2 主鈑桁の撤去床版試験体の外観観察の結果，床版上面からのひび割れ進展と水の浸入，アスファルト舗装下にあったコンクリート舗装と地覆の境界部および，床版打継目からの水の浸入による損傷が認められた．一部の試験体では，昭和 58 年度に実施された床版取替え部と，建設当時からのオリジナルの床版部の境界にひび割れが認められた．

　また，4 主鈑桁とは異なり 2 主鈑桁の床版コンクリートは，床版部と調整コンクリート部が分割施工さ

れており，その床版打継目での剥離が認められた．コンクリート舗装と調整コンクリート部は，上層のコンクリートがウェットな状態で施工されており，一体構造となっていることがわかった．

表-1.2.9　4主鈑桁の床版とコンクリート舗装の主な損傷状況

損傷のイメージ	損傷状況
・舗装と地覆の継目（水みち）	
・コンクリートの充填不良	
・床版と舗装の境目での剥離	
・コンクリート舗装の欠損とひび割れ	

表-1.2.10　2主鈑桁の床版とコンクリート舗装の主な損傷状況

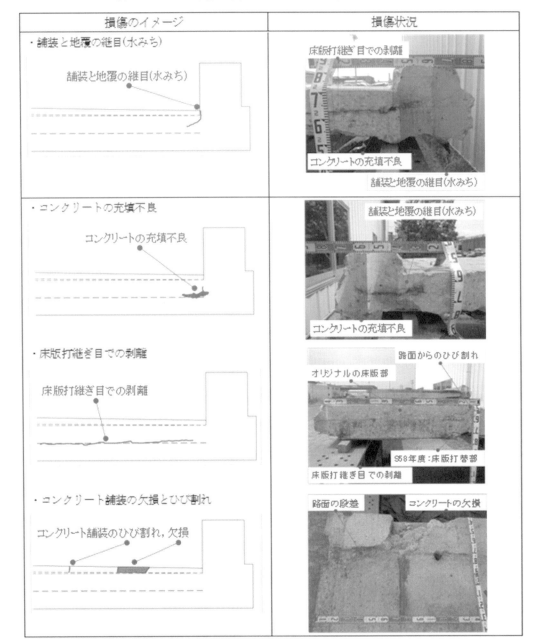

1.3　最近の橋面コンクリート舗装の事例

近年施工された橋面コンクリート舗装の要求性能を満足するとみなせる事例を以下に紹介する.

1.3.1　宗山川 3 号橋 [9), 10)]

(1)　施工概要

　対象橋梁は，北海道北斗市にあるセメント工場から鉱山までをつなぐ添山 29 号線に架かる宗山川 3 号橋である．表-1.3.1 に、宗山川橋の概要を示す．本橋は 1993 年に供用を開始しており，橋面コンクリート舗装を施工した時点で供用から 24 年が経過していた．本橋を通過する車両は，鉱山からセメント工場に

向かう大型車両を主としており，また積雪寒冷地のため凍結融解作用を受ける気象環境下にあるが，床版の損傷は軽微であった．一方，アスファルト舗装については損傷が大きく，補修を繰り返し行っている状況であった．

　本橋の床版上の舗装としてラテックス改質速硬コンクリートが適用された．これは，施工性の評価と供用後の路面性能の検証を目的として，試験的に施工されたものである．ラテックス改質速硬コンクリートは，カルシウムアルミネート系の速硬性混和材と，SBR ラテックスを組合せたコンクリートである．材齢 6 時間で 24N/mm² 以上の圧縮強度を発現する速硬性を有し，塩分などの劣化因子の浸透抵抗性に優れているといった特徴を有している．**図-1.3.1** に，平面図および断面図を示す．施工は，2017 年 11 月に，一車線ごとに交通規制を行い 2 回に分けて 110m² ずつ行われた．事前のコア抜き調査により既設の舗装厚さが 5～8cm 程度であると確認されたため，平均設計厚さは 7cm とされた．既設コンクリート床版上面

表-1.3.1　宗山川 3 号橋の概要[9]

橋梁名 （路面名）	宗山川 3 号橋 （添山 29 号線:北海道北斗市）
供用開始年	1993 年
上部構造形式	鋼溶接橋　I 桁(非合成)
床版種類	場所打床版
活荷重・等級	TL-20
適用示方書	平成 2 年道路橋示方書
橋長	29.3m
総径間数	1
有効幅員	7.5m
橋面積	220m²

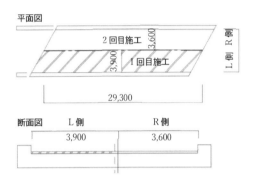

図-1.3.1　平面図および断面図

表-1.3.2　ラテックス改質速硬コンクリートの配合

施工区画	W/C (%)	s/a (%)	単位量(kg/m³)[*1]								フレッシュコンクリート			6 時間 圧縮強度 (N/mm²)
			W	L	C	F	S	G	Ad	Re	スランプ (cm)	空気量 (%)	C.T (°C)	
L 側	48.3	45.0	63	120	378	167	799	980	1.9	0.654	19.0	2.5	11	32.7
R 側										0.545	22.0	3.2	4.5	28.4[*2]

*1:W:工業用水、L:ラテックス混和液、C:普通ポルトランドセメント、F:速硬性混和材、S:砕砂、G:砕石、Ad:AE 減水剤、Re:硬化時間調整剤　　*2:材齢 7 時間における測定結果

は，ショットブラスト(投射密度 150kg/m²)で研掃された．L 側は浸透性プライマーと接着剤が全面塗布された一方，R 側には接着剤は使用されていない．これは両者の比較を意図したものである．

　表-1.3.2 にコンクリートの配合を示す．コンクリートの製造は，フレキシブルコンテナバッグを使用した材料貯蔵・計量方法と，公称容量 0.5m³ のバッチ式強制二軸練りミキサを搭載する車両を組み合わせ(**写真-1.3.1**)，現場で行われた．これは，ラテックスを使用しているため，通常の生コン工場での製造が困難であるためである．なお，フレキシブルコンテナバッグには，あらかじめ計量されたセメント・速硬性混

写真-1.3.1　コンクリートの製造状況

和材と，表面水を管理した細・粗骨材が，それぞれ独立して封入されている．

　現場で製造したラテックス改質速硬コンクリートは，ショベルローダーで床版まで運搬し，打込み後，棒状バイブレータによる締固め，コテによる左官仕上げを行った後，ほうき目仕上げが行われた．製造からほうき目仕上げまでに要した時間は，4 時間程度であった．現場での管理試験により，材齢 6 時間で目標とした圧縮強度を発現していることが確認されている．

写真-1.3.2　施工後の宗山川 3 号橋

写真-1.3.2 に，施工後の宗山川 3 号橋を示す．施工中および交通開放直前の目視確認では，施工時のプラスチック収縮ひび割れや硬化後の収縮・温度ひび割れ等の欠陥は認められていない．

(2)　供用性の調査

　供用前，供用 6 ヶ月および 1 年後に調査が行われている．調査項目は，付着性，物質浸透抵抗性および路面性状である．測定は L 側および R 側の走行部で行い，表面吸水試験のみ施工継目部についても測定された．

　図-1.3.2 に，室内で実施した引張試験および実橋で実施した付着強度試験結果を示す．接着剤の有無によらず，一般的に求められる付着強度 1.0N/mm² を大きく上回っている．また，実橋でのハンマによる打音検査からも，舗装と床版の一体性が保たれていることが供用 1 年後まで確認されている．図-1.3.3 に，表面吸水試験結果を示す．走行部だけでなく，L 側と R 側の施工継目部にも吸水は認められず，物質浸透抵抗性は供用 1 年後も確保されていた．図-1.3.4 に DF テスタによる 60km/h における動摩擦係数を示す．供用 6 ヶ月後に動摩擦係数の低下が認められたものの，供用 1 年後までで安定し維持修繕判断基準値（$\mu 60 = 0.25$）を満足し，所要のすべり抵抗性を維持していた．なお，供用 1 年後における目視確認では路面のほうき目は残存しており，動摩擦係数の変動は車両走行による路面のミクロなテクスチャの変化が一因と考えられる．また，横断プロフィールメータによる測定の結果，わだち掘れは生じていなかった．これらの調査により，供用 1 年の時点においても道路橋床版上の舗装に求められる性能が維持されていることが確認されている．

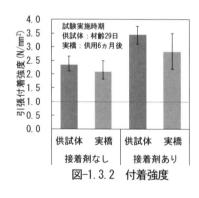

図-1.3.2　付着強度

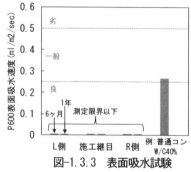

図-1.3.3　表面吸水試験

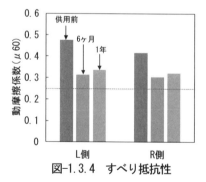

図-1.3.4　すべり抵抗性

1.3.2　藤栄橋[11]

　本項では，水や塩化物イオンを遮断し，平均施工厚 20mm の薄層でも割れや剥がれにくい超緻密高強度繊維補強コンクリート[12]を用いて，橋梁のコンクリート舗装表面を補修した施工事例について述べる．

(1)　補修効果と材料の特徴

　超緻密高強度繊維補強コンクリートの
補修効果は，超緻密であることで空気や
水および塩化物イオン等の劣化因子を遮
断するとともに，耐荷性および疲労耐久
性を向上させることにある．

　材料の特徴を以下に示す．

専用ミックスセメント　補強用鋼繊維(メゾ)　補強用鋼繊維(マイクロ)　専用混和剤

写真-1.3.3　使用材料

・鋼繊維を質量比で 4.0%以上混合させているのでひび割れしにくい(**写真-1.3.3**)

・骨材は不用とし，自己充填性と優れた流動性を確保(**写真-1.3.4**)

・チクソトロピー性を有するため，傾斜面でも施工が可能

・早期強度を発現するため，2h 後には交通開放が可能

・通常コンクリートと同じシート養生で，現場において製造，連続で
施工が可能

(2)　すべり抵抗を長期間確保できる手法の構築

a)　樹脂系表面処理工法

　超緻密高強度繊維補強コンクリートは骨材を用いないため，仕上げ面

写真-1.3.4　流動状況

が平滑であり供用後のすべりが懸念された．そこで，本材料の仕上げ面を改良することで長期間のすべり
抵抗が確保できる手法を構築した(**写真-1.3.5**)．樹脂系表面処理工法の構造を**図-1.3.5**に示す．

・超緻密高強度繊維補強コンクリートを打設硬化後，樹脂系すべり止め舗装を施工．

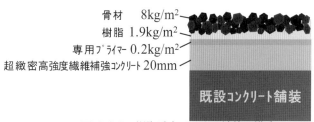

骨材　　8kg/m²
樹脂　1.9kg/m²
専用プライマー 0.2kg/m²
超緻密高強度繊維補強コンクリート 20mm
既設コンクリート舗装

写真-1.3.5　表面処理後状況　　　　　図-1.3.5　樹脂系すべり止め舗装の構造

b)　評価項目

　樹脂系すべり止め舗装の妥当性を評価する項目は，以下の 3 項目とした．

・すべり抵抗性：BPN

　すべり抵抗性は，スキッドレジスタンステスタ(BPN)により評価した．

・接着性①：引張接着強度

　樹脂系表面処理と超緻密高強度繊維補強コンクリートとの接着性を引張接着試験 [13]により評価した．

・接着性②：タイヤすえ切り損失量

　タイヤすえ切り試験 [14]による損失量を測定し，長期間供用した場合の骨材飛散によるすべり抵抗性
の低下度合いを評価した．なお，タイヤすえ切り損失量は，骨材が[殆ど飛散しない]を目標値とした．

c)　評価結果

　すべり抵抗と接着性の評価結果は，**表-1.3.3**に示すとおりであり，すべり抵抗および下地との接着性
が高く，長期耐久性も期待できる評価結果であった．

表-1.3.3　すべり抵抗と接着性の評価結果

評価試験	補修方法		樹脂系表面処理型	基準値[目標値]
すべり抵抗	すべり抵抗値(BPN)	試験値	97	60以上
		評価	○	(20℃)
接着剤	引張強度(N/mm2)	試験値	2.97	1.5以上
		評価	○	(23℃)
	タイヤすえ切り損失量(g)	試験値	4	[殆ど飛散しない]
		評価	○	
総合評価			○	

写真-1.3.6 藤栄橋

(3)　実橋のコンクリート舗装表面の補修工事への適用事例

　　超緻密高強度繊維補強コンクリートをコンクリート舗装橋の表面補修に適用した現場について，施工内容を以下に紹介する．

　　橋 梁 名：藤栄橋(L=10.1m，W=6.6m，竣工年不明，札幌市北区北27条西2丁目，**写真-1.3.6**)

　　施工期間：平成 30 年 6 月 25 日～平成 30 年 6 月 28 日(3 日間)

　　藤栄橋は，コンクリート舗装 t=50mm の上部に t=25mm のアスファルト舗装が施工されており，コンクリート舗装表面までが著しく損傷している状況にあった．超緻密高強度繊維補強コンクリートを適用した補修方法を**図-1.3.6**に，施工状況を**写真-1.3.7～10**に示す．なお，樹脂系表面処理は樹脂舗装技術協会の工法規格 RPN-101 に準拠し施工した．

　　供用 8 ヶ月後も，**写真-1.3.11** のように剥がれも無く，すべり抵抗性も維持している状況にある．

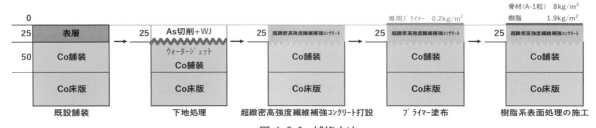

図-1.3.6　補修方法

写真-1.3.7 ウォータージェット施工

写真-1.3.8 練混ぜ状況

写真-1.3.9 敷均し状況

写真-1.3.10 樹脂系表面処理

写真-1.3.11 供用 8 ヶ月後の状況

1.3.3　山水橋[15)]

(1)　概要

山水橋は，1.2.2 で示したように新千歳空港から支笏湖，札幌を結ぶ一般国道 453 号線の北海道恵庭市ラルマナイ川に架かる橋長 48m，幅員 6.5m の単純合成鈑橋 2 連で構成された 2 径間の橋梁である．コンクリート床版厚は 170mm，コンクリート舗装厚は 50mm である。橋梁の諸元を**表-1.3.4**，橋梁の断面図および側面図を**図-1.3.7**に示す．

(2)　変状

A1-P1 側には変状は見られず補修は必要でないのに対して P2-A2 側は，コンクリート舗装表面が損傷し（**写真-1.3.12～13**），床版下面には漏水が見られ，コンクリート舗装を除去した RC 床版は土砂化し，鉄筋近傍の塩化物イオン量は 10 kg/m^3 に達していた．

(3)　補修経緯

2002 年に伸縮装置を止水型鋼製ジョイントに変更，2006 年に鋼製高欄に取替え，2009 年に沓座モルタル補修と下部の断面補修，2011～13 年に舗装のパッチ補修を実施した．

(4)　補修概要

劣化損傷が生じている P2-A2 側は，コンクリート床版厚さ 170mm で現行基準より薄く，鉄筋量が少ないためアスファルト舗装に打ち換えると疲労耐久性が劣る，また，鋼橋のコンクリート舗装では，硬化初期において振動やたわみなどの作用を受け欠陥が生じやすい．そこで，短時間で施工が可能で，コンクリートの乾燥収縮が少なく，水・塩分・炭酸ガスなどの劣化因子侵入に対して高い抵抗性を有するラテックス改質速硬コンクリートが採用された．

ラテックス改質速硬コンクリートによる橋面コンクリート舗装補修工事は，2017 年 7 月 12 日と 8 月 2 日に 20:00 から全面交通規制し，半断面施工とし，翌日 6:00 に交通開放した．

a)　コンクリート舗装切削

既存コンクリート舗装は，切削機を用いて全層(50mm)を切削した（**写真-1.3.14**）．

b)　下地処理

表-1.3.4　橋梁の諸元

橋梁名（路線名）	山水橋（一般国道 453 号）
上部構造形式	単純合成鈑桁橋 2 連
下部構造形式	重力式橋台 2 基、T 型橋脚柱円筒(RC)
基礎形式	直接基礎 3 基
供用開始年(活荷重、等級)	1966 年（TL-20、1 等橋）
適用示方書	昭和 39 年 鋼道路橋設計示方書
橋長、幅員	橋長 48.0m，幅員 6.5m
交通量(大型車混入率)	2,264 台/昼間 12 時間(14.5%)
橋梁定期点検実施年	2012 年(平成 24 年)

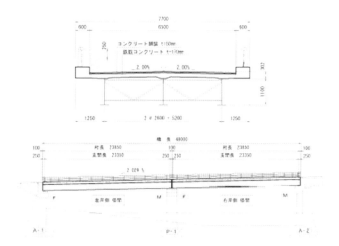

図-1.3.7　橋梁の断面および側面

写真-1.3.12　山水橋全景
（手前:P2-A2　奥:A1-P1）

写真-1.3.13　舗装の損傷

コンクリート床版表面をショットブラストで研掃し平滑化した（**写真**-1.3.15）．全体の 10〜15％の脆弱部は全厚ブレーカーで打ち抜き、6 時間で 24N/mm² の強度が得られる速硬コンクリートで断面修復した（**写真**-1.3.16〜17）．

c）プライマー塗布

切削等で生じたマイクロクラックに浸透してコンクリートや鉄筋の劣化，腐食の防止を目的に浸透性エポキシ樹脂接着材を 0.5kg/m³ 塗布した（**写真**-1.3.18）．

d）コンクリート打継用接着材塗布

コンクリート床版と橋面コンクリート舗装の一体化を図るためにエポキシ樹脂系接着材を 0.8kg/m³ 塗布した（**写真**-1.3.19）．

e）コンクリート配合

ラテックス改質速硬コンクリートの配合を**表**-1.3.5 に示す．ラテックス改質速硬コンクリートは，硬化調整剤を使用することで1時間程度の可使時間を確保し，6 時間で 24N/mm² 以上の圧縮強度を発現

写真-1.3.14　舗装切削

写真-1.3.15　ブラスト処理

写真-1.3.16　断面修復

写真-1.3.17　下地処理

写真-1.3.18　プライマー塗布

写真-1.3.19　打継用接着剤塗布

する．また，セメントと速硬性混和材と絶乾骨材は予め 150L 分プレミックスすることで練混ぜ時間を短縮が図れる．

表-1.3.5　ラテックス改質速硬コンクリートの配合

目標スランプ (cm)	目標空気量 (%)	水セメント比 (%)	ポリマーセメント比 (%)	単位量（kg/m³）						
				水	ラテックス	セメント	速硬性混和材	細骨材	粗骨材	硬化調整剤
16〜22	1〜4	34.3	14.7	60	120	367	167	800	980	3.67

f）コンクリート練混ぜ

コンクリートは 150L 傾胴ミキサを 2 台使用した（**写真**-1.3.20）．練混ぜ時間は 3 分とし，1 バッチの練混ぜ（材料投入，練混ぜ，洗浄作業）は約 10 分要した．

g）コンクリート打設

コンクリートは，小型ショベルを用いて運搬し，人力で施工した（**写真**-

写真-1.3.20　150L 傾胴ミキサ

写真-1.3.21　運搬、施工

1.3.21）．こて仕上げの作業性や急激な水分の逸散による初期ひび割れを防止するために高仕上げ補助・初期塗膜養生剤を塗布・散布した．コンクリート表面は，ほうき目仕上げした．翌日 6:00 に交通開放した（**写真**-1.3.22）．施工のタイムスケジュールを**表**-1.3.6 に示す．

　なお，2019年7月に2年経過後の調査した結果，3本のひび割れ（幅0.2mm以下，長さ2.3m以下）が見られたが，他の劣化はみられなかった（**写真-1.3.23**）.

表-1.3.6　施工のタイムスケジュール

時　間	工　程
～20:00	規制準備、打継用接着材塗布
20:00～23:50	ラテックス改質速硬コンクリート練混ぜ，打設
23:30～翌5:30	養生
翌5:30～6:00	圧縮強度確認
翌6:00～	交通開放（供用開始）

写真-1.3.22　交通開放

写真-1.3.23　2年経過後

1.3.4　湯山橋 [16)]

（1）　概要

　国土交通省九州地方整備局大分河川国道事務所では，国道210号の道路橋にて橋面コンクリート舗装による床版補修補強工事を進めている．本項では橋面コンクリート舗装の施工事例として湯山橋（**写真-1.3.24～25**）の事例を紹介する.

写真-1.3.24　湯山橋全景

写真-1.3.25　湯山橋の路面状況

　対象となる湯山橋は大分県日田市天瀬町の山間部に位置し，積雪・凍結が懸念される場所にある．交通量は約15千台／日，大型車混入率は約15%の路線で，1971年に供用を開始した道路橋梁である.

橋長141m，幅員9.7mで鋼単純箱桁部と鋼単純鈑桁部からなる．また，その設計は昭和39年の道路橋示方者に基づいて建設されており，設計床版の厚さは180mm〜190mmと現在の道路橋示方書と比較して相対的に薄い床版となっている．

(2) 施工上の課題と対策

当該橋梁での橋面コンクリート舗装の施工（**写真-1.3.26**）は，供用道路での施工であるため大型車両通過時に発生する揺れ・振動の影響により打設するコンクリートのダレが生じる懸念があるため，平たん性確保の対策が必要となる．また，同様に振動の影響に伴い，硬化時のコンクリートの一体性を考慮することが必要となる．このため，速硬性混和材を用いたコンクリートを選定すること，温度ひび割れや橋梁の揺れや振動により生じるひび割れの抑制を目的とした繊維を投入すること，コンクリートのスランプを施工できる範囲で小さくすることなどの対策と共に施工が実施されている．

また，当初の設計では既設床版の厚さの不足が懸念されており，鉄筋のかぶりの確保ができないことが想定されるため，オーバーレイ工法による橋面コンクリート舗装が検討されていた．

しかし，現場条件として縦断および横断勾配が7%程度の急勾配な箇所が含まれるため，舗装路面として十分なすべり抵抗が確保できる表面仕上げが必要であった（**写真-1.3.27**）．しかし，施工時期が夏季にあたり，施工時の小運搬や締固めなどに時間を要するため，橋面コンクリート舗装に早期交通開放が要求される場合，十分な表面仕上げを行なう工程が確保できないこと，また懸念事項であった鉄筋のかぶりの確保が可能であることが確認されたため，一部の区間を除いて平たん性および走行性の確保を目的にアスファルトオーバーレイを35mmの厚さで施工している（**図-1.3.8**）．

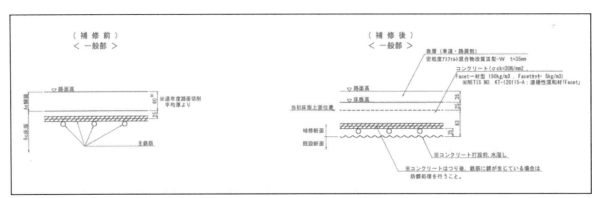

図-1.3.8　補修前後の断面構成概要

写真-1.3.26 橋面コンクリート舗装の施工状況

写真-1.3.27 橋面コンクリート舗装の仕上がり状況

1.4　わが国の上面増厚工法の仕様

本節では，本ガイドラインにおいて参考にすべき上面増厚工法の仕様について紹介する．

1.4.1　概要

　道路橋 RC 床版の上面増厚工法は，床版上面の劣化や耐荷力性能および疲労耐久性の向上を図るために既設 RC 床版上面を切削し，床版コンクリートと増厚コンクリートの付着性を高めるために研掃を行い，鋼繊維補強コンクリート（SFRC）を増厚して一体化を図り，床版を厚くする補強工法である．なお，設計施工図書として「上面増厚工法設計施工マニュアル」[17] や「セメント系材料を用いたコンクリート構造物の補修・補強指針」[18]が発刊されている．上面増厚工法の標準的な施工フローを図-1.4.1 に示す．

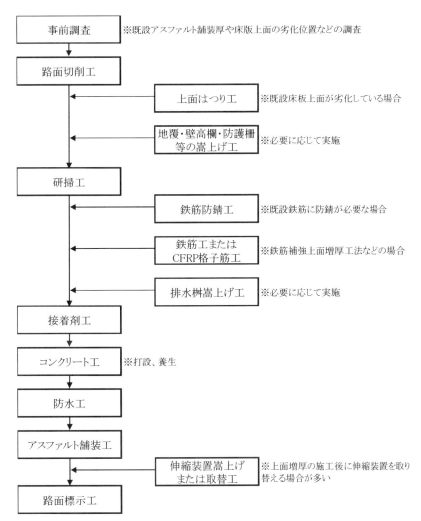

図-1.4.1　上面増厚工法の標準的な施工フロー

　コンクリート工では，鋼繊維を配合したコンクリート（SFRC）が用いられている．一般的に，8 時間程度で交通開放する場合の SFRC のセメントには，材齢 3 時間で設計基準強度（24N/mm²）が確保できる超速硬セメントを使用する．骨材には，最大寸法20mm もしくは15mm の粗骨材，鋼繊維には長さ30mm の鋼繊維を混入率1.27Vol.%（100kg/m³）で配合されている．一方，10 日間以上の通行止めが可能な場合の SFRC のセメントには早強セメントが使用されている．超速硬セメントを用いた SFRC の配合例を表-1.4.1 に示す．

表-1.4.1　超速硬セメントを用いた SFRC の配合例

スランプ (cm)	W/C (%)	S/a	単位量 (kg/m³)				
			セメント	水	細骨材	粗骨材	鋼繊維
6.5 ±1.5	39.5	51.2	430	170	851	858	100.0

　また，SFRC 上面増厚工法は，既設 RC 床版を 10mm 切削して，その上に適切な厚さを増厚するものであり，耐荷力性能および疲労耐久性の向上を図るため，SFRC の増厚全厚は 60mm としている．

　道路橋 RC 床版の上面増厚工法には，①RC 床版の上面コンクリートの劣化に対する補強，②耐荷力性能および疲労耐久性の向上を図るための補強などがある．

1.4.2　RC 床版の上面コンクリートの劣化に対する補強

　橋梁点検において，アスファルト舗装にポットホールやひび割れの発生が見られる場合は，RC 床版の上面コンクリートに何らかの損傷が発生している場合が多い．とくに，積雪寒冷地域の RC 床版は疲労劣化に加え，塩害・凍害によって上面コンクリートのスケーリングや骨材露出が生じ，下面に遊離石灰が発生する．この時点の劣化過程は進展期から加速期前期に相当する．RC 床版の上面コンクリートの劣化に対する補強には図-1.4.2 に示すように，床版上面を切削し，鋼繊維補強コンクリート（以下，SFRC）と付着性を高めるためにショットブラスト（投射密度 150kg/m²）で研掃を行う．部分的にコンクリートにスケーリングが見られる場合は脆弱部を完全に除去し，その後，SFRC で増厚補強し，新旧コンクリートを一体化させる．最後に表面を平滑に仕上げ，橋面防水を行い，舗装を施す．なお，既設 RC 床版を切削し，元の床版厚まで修復する施工法は補修であり，元の床版厚まで修復した後，耐荷力性能の向上を目的として増厚した場合が補強となる．

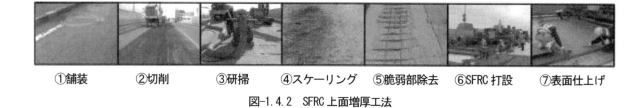

①舗装　　②切削　　③研掃　　④スケーリング　　⑤脆弱部除去　　⑥SFRC 打設　　⑦表面仕上げ

図-1.4.2　SFRC 上面増厚工法

1.4.3　RC 床版の耐荷力性能および疲労耐久性の向上を図るための補強

　橋梁点検において，耐荷力性能の不足により RC 床版下面に 2 方向のひび割れが発生し，劣化過程が加速期前期の床版と平成 14 年改訂の道路橋示方書・同解説 19)（以下，道示）に規定する床版厚に対して床版厚が不足している床版は，耐荷力性能および疲労耐久性の向上を図るために上面増厚工法による補強が必要となる．耐荷力性能や疲労耐久性の向上を図るための上面増厚工法は，上面劣化が見られないことから前項の図-1.4.2（①，②，③，⑥，⑦）に示すように，既設 RC 床版上面を切削機で 10mm 切削し，ショットブラストによる研掃（投射密度 150kg/m²）を行い，新たに既設 RC 床版上面に SFRC を増厚して，新旧コンクリートを一体化させて床版を厚くする補強である．

1.4.4　既設床版との一体性確保

　SFRC 上面増厚工法は，1980 年頃から耐荷力性能および疲労耐久性の向上を目的として採用された補強工法である．当時の施工は，切削機による切削後研掃を行い，SFRC を直接上面増厚するものであった．

1980年当時は付着性を高める目的で増厚界面にせん断筋（RC床版に50mm程度挿入）が配置された事例もあった．最近では，付着性を高めるためにショットブラストによる研掃（投射密度150kg/m²）が行われ，既設RC床版とSFRCとの付着性を高めてきた．しかし，SFRC上面増厚工法においては，輪荷重の走行により，SFRCと既設RC床版の界面が早期にはく離し，上面から侵入した雨水が増厚界面に滞水して，その影響によりアスファルト舗装にポットホールや増厚界面がはく離するなどの損傷が生じ，早期に再補修・補強された事例も報告された．

　SFRC上面増厚工法は，輪荷重走行により増厚界面が早期にはく離し，上面から雨水が浸入して増厚界面に滞水して，はく離破壊を発生する場合がある．この問題を解決し，さらに疲労耐久性を高めるために増厚界面には上面増厚専用接着剤を塗布して，直ちにSFRCを増厚する補強方法（以下，接着剤塗布型SFRC上面増厚工法）が近年実施されている[20]．

　この補強方法は，図-1.4.3に示すように，SFRC上面増厚工法と同様に，既設RC床版上面を切削機で切削し，ショットブラストによる研掃を行った後，接着剤を平均1.0mm厚で塗布してSFRCを上面増厚するものである．また，上面コンクリートが劣化した部分については脆弱部をウォータージェット等で完全に除去した後，接着剤を塗布してSFRCを増厚する．なお，接着剤塗布型SFRC上面増厚工法における耐疲労性の評価については，阿部らによる輪荷重走行試験[21]では，接着剤を全面に塗布することで，塗布しない場合と比較して，輪荷重の等価繰返し回数が2.4～3.5倍になり，床版の疲労耐久性が向上することが確認されている．また，ウォータージェット等により増厚界面が湿潤状態で接着剤を塗布した場合についても疲労耐久性が評価されている[22]．接着剤塗布型SFRC上面増厚工法は，跨線橋の補強法[23]と部分的に界面がはく離した上面増厚工法の再補修に用いられた実績がある．接着剤の仕様例を表-1.4.2に示す．

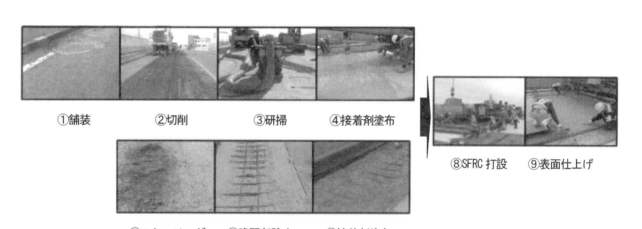

　　①舗装　　　　②切削　　　　③研掃　　　④接着剤塗布

　　⑤スケーリング　　⑥脆弱部除去　　⑦接着剤塗布

　　　　　　　　　　　　　　　　　　　⑧SFRC打設　　⑨表面仕上げ

図-1.4.3　接着剤塗布型SFRC上面増厚工法[20]

　本方法は，既設RC床版を10mm切削して，専用接着剤を平均厚1.0mmで塗布した後，その上に厚さ40mm～60mmのSFRCを増厚するものである．また，床版上面コンクリートのスケーリングが生じている場合は，ウォータージェットにより脆弱部を除去した後，接着剤を平均厚1.0mmで塗布して，SFRCを上面増厚する．増厚コンクリートの最小厚さ40mmは，都道府県が管理している道路橋RC床版はNEXCOが管理している高速道路と比較して重車両の交通量が少ないことと，接着剤を塗布することで一体性が確保されることから，SFRC上面増厚工法の最小厚60mmよりも薄くできる．ただし，現行道示に基づいて設計された床版厚を確保する必要がある．

　付着強度の基準値は，一般的に想定される最大輪荷重に対し新旧コンクリート界面のずれ力（せん断）と引張り強度の関係から，引張り強度が1.0N/mm²あれば一体化に十分な付着強度を有すると判断される[25]．

表-1.4.2　土木用高耐久型エポキシ系接着剤の仕様例[24)に加筆修正]

		冬　　用（被着体温度：5℃〜20℃） 春・秋用（被着体温度：15℃〜30℃） 夏　　用（被着体温度：25℃〜60℃）	
		性状と物性	備　考
外　観	主　剤	白色ペースト状	異物混入無し
	硬化剤	青色液状	異物混入無し
混合比（主剤：硬化剤）		5：1	重量比
硬化物比重		1.40±0.20	JIS K 7112
圧縮強さ		50 N/mm² 以上	JIS K 7181
圧縮弾性係数		1000 N/mm² 以上	JIS K 7181
曲げ強さ		35 N/mm² 以上	JIS K 7171
引張せん断強さ		10 N/mm² 以上	JIS K 6850
コンクリート付着強さ		1.6 N/mm² 以上または母材破壊	JIS K 6909（JHS 412）
標準塗布量		1.4 kg/m² 以上（人力塗布）	被着体の種類によって塗布量は異なる

【第1章　参考文献】

1)　日本道路協会：コンクリート舗装に関する技術資料，2009.

2)　大田孝二，谷倉泉，橘吉宏，塩永亮介，大久保藤和，梶尾聡：米国における鋼道路橋版板損傷への取組み（その 1），橋梁と基礎，2015.7.

3)　大田孝二，谷倉泉，橘吉宏，塩永亮介，大久保藤和，梶尾聡：米国における鋼道路橋版板損傷への取組み（その 2），橋梁と基礎，2015.8.

4)　北海道土木技術会舗装研究委員会：北海道舗装史（上），1985.7.

5)　国土交通省北海道開発局：橋梁診断業務（橋梁点検調書）

6)　熊谷政行，安倍隆二，布施浩司：北海道の既設コンクリート舗装の現状について，北海道開発技術研究発表会，2013.2.

7)　岩間滋：コンクリート舗装の歴史，土木学会論文集 No.451/V-17，pp.7-11，1992.8.

8)　日本道路公団・新潟建設局・構造技術課：設計の手引き(案)，昭和 63 年 11 月

9)　兵頭彦次，市川裕規，七尾舞，梶尾聡，長塩靖祐，杉山彰徳：ラテックス改質速硬コンクリートを用いた道路橋床版の長寿命化の取組み，セメント・コンクリート，No.867，pp.8-14，2019.5.

10)　市川裕規，兵頭彦次，岡田明也：ラテックス改質速硬コンクリートの橋面舗装への適用性に関する検討，第 33 回日本道路会議，論文番号 5055，2019.11.

11)　近藤智史，三田村浩，馬場弘毅：J-ティフコムを用いたコンクリート舗装橋の表面補修事例，第 33 回日本道路会議，論文番号 5051，2019.11

12)　松井繁之[編著]：道路橋床版の長寿命化技術，森北出版，p.86，2016.

13)　東日本高速道路株式会社，中日本高速道路株式会社，西日本高速道路株式会社：NEXCO 試験法　第 4 編　構造関係試験方法　令和元年 7 月，p.49，2019.

14)　首都高速道路株式会社：舗装設計施工要領 2019 年 6 月，p.22，2019.

15)　吉田昭幸，苅和野晃次，齊藤康弘：コンクリート舗装橋梁における舗装補修について－ラテックス混和剤を用いたコンクリート舗装施工事例－，第 61 回北海道開発技術研究発表会，2017.

16) 末宗信市, 柳田賢治：湯山橋床版補修外工事, 土木学会床版シンポジウム, 速硬性混和材を用いたコンクリートによる床版補修工事事例,　2016.11.

17) 財団法人高速道路調査会：上面増厚工法設計施工マニュアル,　1995.11.

18) 土木学会：セメント系材料を用いたコンクリート構造物の補修・補強指針, コンクリートライブラリー150,　2018.6.

19) 社団法人日本道路協会：道路橋示方書・同解説　II 鋼橋編,　2002.3.

20) 阿部忠：RC 床版の劣化診断技術と補修・補強対策, ［第 4 回］鋼繊維補強コンクリート（SFRC）上面増厚補強の耐疲労性, セメント・コンクリート No.779,　pp. 44-52,　2012.1.

21) 阿部忠, 木田哲量, 高野真希子, 小森篤也, 児玉孝喜：輪荷重走行疲労実験における RC 床版上面増厚補強法の耐疲労性の評価法, 構造工学論文集　Vol. 56A,　pp.1270-1281,　2010.3.

22) 伊藤清志, 阿部忠, 児玉孝喜, 山下雄史, 一瀬八洋：乾燥・湿潤状態で接着剤を塗布した SFRC 上面増厚補強法の耐疲労性の評価, 構造工学論文集　Vol. 58A,　pp.1178-1188,　2012 .3.

23) 伊藤清志, 松下憲生, 横引功三：SFRC ボンド補強工法（鋼床版とコンクリート床版）, 国土交通省中国技術事務所, 平成 21 年度中国地方建設技術開発交流会（鳥取会場）,　2009.10.

24) 高野真希子, 阿部忠, 木田哲量, 児玉孝喜, 小森篤也：輪荷重走行疲労実験における RC 床版 SFRC 上面増厚補強法の耐疲労性, 構造工学論文集　Vol.56A,　pp.1259-1269,　2010.3.

25) 東日本高速道路株式会社, 中日本高速道路株式会社, 西日本高速道路株式会社：構造物施工管理要領　令和元年 7 月, 4-3　床版上面増厚工, pp.III-83 − III-89,　2019.7.

第 2 章　米 国 編

2.1　米国における橋梁床版と橋面舗装の歴史と変遷

　日本に先駆けてインフラの維持更新に取り組んできている米国では，日本と同様，床版の損傷に長年苦慮してきている．図-2.1.1 に米国における橋梁建設年度と橋数・橋面積のグラフを示す．米国では，1920-30 年代のモータリゼーションにより旅客交通の 9 割を自動車が占めるようになり，ニューディール政策により 1 つの橋梁建設ピークを迎えた．書籍「荒廃するアメリカ」[1] が出版されたのはその 50 年後の 1980 年代で，米国の道路橋の損傷事例は，現在の日本の損傷状況に類似した状況にあった．

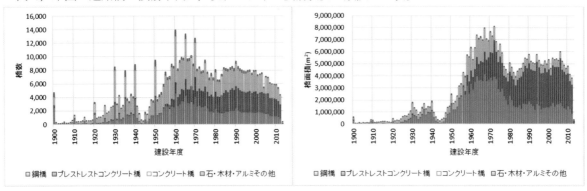

図-2.1.1　米国における橋梁建設年度（橋数，橋面積：2013 年 12 月現在）
（出典：米国連邦道路局 HP[2] よりデータを集計・加工）

　米国における橋梁床版の損傷原因としては，過積載車両による疲労，海浜部の飛来塩分および融雪剤による塩害，アルカリシリカ反応（ASR）性骨材の膨張による劣化等があげられる．そのため，床版の損傷対策として，鉄筋のかぶり量の増加，水分や塩分を通しにくいコンクリート舗装，使用材料の改善，エポキシ樹脂塗装鉄筋などの耐腐食性の高い鉄筋の使用などが採用されるようになってきた．米国では 1960 年代からこれらの状況より，橋梁床版に水や塩分を入れない技術開発が行われてきた．

　また，米国では州やその地域により，比較的温暖で雨の少ない地域や融雪材の散布が著しい地域，飛来塩分が多い海浜環境，コンクリートに使用する骨材が ASR を生じる有害なものを多く含むなどのように環境条件が異なる．そのため州ごとに採用工法が異なる場合もある．そのような環境下で米国の各州では，道路の維持管理に関する予算の 50〜85％が道路橋床版の維持管理に費やされている．全米での道路橋床版の総量は 28 億 ft^2（約 2.6 億 m^2）であり，年間で 50 億ドルの予算が床版の維持管理に使われている．

2.1.1　米国連邦道路局　研究開発技術事務所

　米国連邦道路局（Federal High-Way Administration，以下，FHWA）研究開発技術事務所は，日本で言えば国土技術政策総合研究所あるいは土木研究所に相当する．米国交通省高速道路庁（US Dep. of Transportation）に属し，米国全土を対象に高速道路の重要な課題に対して研究開発を行い，その結果を行政に反映させる機関である．

　米国でのコンクリート床版では，排水の観点や点検の容易性から床版と一体打設したコンクリート舗装を摩耗層（wearing surface）としており，床版の鉄筋にはエポキシコーティングを施し，また，水セメント比を小さく（40〜45％）した高性能コンクリート（HPC）を用いている．この HPC は，米国では水セメント比を上述程度に抑え，圧縮強度が 28〜41N/mm^2 程度の硬練りコンクリートを言う．鉄筋はエポキ

シ樹脂塗装鉄筋が使用されることが多く，ほかにステンレス鉄筋等も使用されている．

2.1.2　NCHRP（National Cooperative Highway Research Program）NCHRP2004年版[3]の内容

　米国においては 1960〜70 年代に増加した鉄筋腐食によるコンクリート床版の劣化により，塩分が鉄筋に到達しない技術，到達を抑止する技術に関心が集まった．その結果，鉄筋かぶり増加，スランプの小さいコンクリート（HPC），オーバーレイ，ラテックス改質コンクリート（LMC），橋面舗装，防水層，アスファルト合材，エポキシ樹脂塗装鉄筋が用いられることになった．

　さらに，フライアッシュ，シリカフュームおよび高炉スラグ微粉末がセメント混和材として用いられるようになり，塩分等の物質浸透抵抗の大きいコンクリートが用いられるようになった．今や，密実性の高いコンクリートの使用で，塩分の侵入をかなり抑制できることを多くの橋梁管理者は認識できるようになってきている．

　橋梁床版の防水システムは，コンクリートや鉄筋をその劣化から守るシステムである．オーバーレイ，防水層，表面含浸材や表面被覆材，電気防食などが含まれる．ラテックス改質コンクリート（LMC）の橋面舗装，スランプの小さい硬練りの高性能コンクリート（HPC）のオーバーレイがよい結果を示している．この結果は防水層との併用の場合も含まれている．しかし，防水システムは防水層のみの寿命ではなく，防水層を覆っている材料の寿命によってその寿命が決まるものである．

　コンクリートの表面保護工法である表面含浸材や表面被覆材は劣化を遅らせる目的には沿うものである．表面含浸材や表面被覆材の性能評価は室内試験と現場での性能とに差が見られる．国家レベルの試験方法や基準もないので判断が難しい．表面含浸材や表面被覆材はコストが安価であり，使われることも多い．電気防食も採用されてきているが，メンテナンスフリーであるとか，経済的であるといった証明はできていない．設計上の取組みから床版の性能や経済性の改善が図られてきている．コンクリートの収縮を小さく抑えること，鉄筋のサイズを小さくしてピッチを密にすること，適切なかぶりを設けること，などがその具体的な例である．施工においては適切な養生を行うことが，耐久性のある床版を得るために必要なこととしている．

　現在の実施例や研究結果では，以下の材料の使用や実施がコンクリート床版の耐久性の向上に役立っている．

床版コンクリートには，
1. タイプⅠ（ポルトランドセメント），タイプⅡ（中耐硫酸塩セメント），タイプIP（ポゾラン混合セメント）を使用する．
2. フライアッシュを35%まで用いる．
3. シリカフュームを8%まで用いる．
4. 高炉スラグ微粉末を50%用いる．
5. 骨材にヤング係数が小さいもの，線膨脹係数が低いもの，熱伝導率が高いものを使用する．
6. 減水剤，高性能減水剤を用いる．
7. 気泡間隔を0.20mm以下，気泡表面積を23.6mm^2/mm^{3}以上のコンクリートを使用する．
8. 水セメント比は0.40〜0.45のコンクリートを使用する．
9. 圧縮強度は28〜41N/mm^{2}とする．
10. 塩化物浸透抵抗性はAASHTO T 277 基準で1500〜2500 coulombs とする．
11. 鉄筋はエポキシ樹脂塗膜鉄筋を使用し，主筋のサイズの小さいものを用い，ピッチも選ぶ．

設計や施工に関しては,

1. 64mm（2.5inch）以上のかぶりを確保する.
2. 適切な温度を確保して打ち込む.
3. 風や霧が当たらないようにして打ち込む.
4. 最低限の仕上げ設備を準備して施工を行う.
5. 仕上げ作業直後から最低 7 日間の湿潤養生を行う.
6. 湿潤養生の後, 養生剤を用いて乾燥収縮を抑える.
7. LMC あるいは密実なコンクリートで舗装を行う.

などが記述されている. また最新の技術の進展を踏まえ, 5 年ごとに総合的な報告書に取りまとめられる予定である.

2.1.3　LTBP（Long Term Bridge Performance）プログラム（2017）[4] FHWA の内容

近年の, 米国における橋梁舗装と防水層の現状は, 2017 年 10 月に米国連邦道路局よりレポートが報告され概要がまとめられている. ただし, データは 2013 年 8 月現在のものである.

これによると, 全米 52 州で行われている橋梁舗装は多様であり, 採用している州の数では下記のようである.

1. Asphalt（防水層無しのアスファルト舗装）38 州
2. Latex Modified Concrete Overlay（ラテックス改質コンクリート舗装）36 州
3. Epoxy Polymer Concrete（エポキシ樹脂舗装）33 州
4. Asphalt with Membranes（アスファルト舗装-防水層あり）28 州
5. Portland Cement Concrete（ポルトランドセメントコンクリート舗装）26 州
6. Silica Fume Concrete（シリカフュームコンクリート舗装）23 州
7. HMWM（高分子メタクリレート防水）21 州
8. Polyester Polymer Concrete（ポリエステルポリマーコンクリート舗装）16 州
9. Silane Sealers（シラン系含浸材）14 州
10. Low Slump/Dense Concrete（低スランプ／高密度コンクリート舗装）12 州

現状, 種々の舗装・防水層が用いられているが, コンクリート系の道路橋床版の舗装面の対策工法は, 大きく分けて 5 つのタイプがあり, 約 5cm のアスファルト舗装をする場合, ラテックス改質コンクリート（Latex Modified Concrete, LMC）等で表面をオーバーレイする場合, そしてコンクリート舗装（Integral）もしくはコンクリート床版と舗装の一体打ち（monolithic）とする場合, シリカフュームコンクリートでオーバーレイする場合, 低スランプ／高密度コンクリートでオーバーレイする場合である.

ポリマーオーバーレイは, 3 つのタイプがあり, エポキシ, メチルメタクリレート（MMA）またはポリエステルポリマーオーバーレイである. それぞれ, 骨材をプレミックスする方法とポリマーを打ち込んだ後に骨材を散布する方法があり, 前者は 1 層の厚さを厚く施工する事ができる.

2.1.4　高性能コンクリートによるコンクリート床版

わが国では, 岡村ら[例えば, 5] が所要の耐久性能を確保するためには, 施工や設計詳細などの影響を受けない締固め不要のコンクリートを用いることが最も有効な方法であると考え,「ハイパフォーマンスコンクリート」を開発した. ハイパフォーマンスコンクリートは, 締固め不要なだけでなく, コンクリートの耐久性に悪影響を及ぼす温度ひび割れや乾燥収縮の初期欠陥を生じにくくし, 硬化後の外的要因の影響も受

けにくい，密実性も有するコンクリートとして定義された．現在の日本における「高性能コンクリート」は従来のコンクリートに新たな機能を付加したコンクリート全般の呼称であり，日本で最初に呼称された「ハイパフォーマンスコンクリート」は高性能コンクリートの一つである「高流動コンクリート」に近いものと考えられる．

　一方，米国の TRB[6]では，SHRP プロジェクトの目的のために"High Performance Concrete (HPC) "を最初に以下の 3 つの要求性能で定義した．これらの定義より，米国における HPC は日本の高性能コンクリートとほぼ同義であることから，本報では高性能コンクリート（HPC）と訳した．

①水結合材比（w/cm）の最大値：35%

②ASTM C 666（促進凍結融解試験方法）の A 法（水中凍結融解試験）における耐久性指数の最小値：80%

③圧縮強度の最小値：a. 打込み後 4 時間以内 20.7MPa（3.0ksi），b. 24 時間以内 34.5MPa（5.0ksi），または c.28 日以内 69.0MPa（10.0ksi）

ここでは，耐久性と強度に関連した定義である．その後の報告書では，コンクリートの高強度化から開発された"High Strength Concrete"が HPC と混同しやすいことを警告し，HPC で定義された耐久性は強度よりも重要となる多くの要因があるとした．プロジェクト完了により，HPC の定義は**表-2. 1. 1** に示すように分類された．

表-2. 1. 1 HPC の基準

HPC の分類	圧縮強度の最小値	水セメント比の最大値	耐久性指数の最小値（凍結融解抵抗性）
超速硬（VES） 　　Option A 　　Option B	 13.8MPa（6 時間） 17.2MPa（4 時間）	 0.40 0.29	 80% 80%
早強（HES）	34.5MPa（24 時間）	0.35	80%
高強度（VHS）	69.0MPa（28 日）	0.35	80%

　米国では 1993 年に 13 の州で 18 の橋梁で HPC を用いた実証が行われた．この中で，オハイオ州の 1 つの橋梁以外は，18〜23cm（7.0〜9.0inch）厚の現場打ち（CIP）床版を使用した．床版コンクリートで指定されたコンクリートの事例を**表-2. 1. 3** に示す．材齢 28 日の圧縮強度は，27.6〜55.2MPa の範囲であり，多くは 27.6〜41.4MPa である．急速塩化物浸透性試験（Rapid Chloride Permeability Test, RCPT）の結果は，材齢 28 日で 1,500〜2,000coulombs，材齢 56 日で 1,000〜2,000 coulombs であり，参考として RCPT ratings[7]を**表-2. 1. 2** に示す．この床版に用いられた HPC は，低水セメント比のコンクリートである Low クラスの範囲である．FHWA（Federal Highway Administration）は，**表-2. 1. 4** に示すように 11 の性能を 4 段階に区分した高性能構造コンクリート（High Performance Structural Concrete, HPSC）の性能等級を示している．

表-2. 1. 2 RCPT ratings[7]

塩化物浸透性	急速塩化物浸透量（coulombs）	コンクリートの例
High	＞ 4,000	高 W/C（>0.6）
Moderate	2,000 − 4,000	中 W/C（0.4-0.5）
Low	1,000 − 2,000	低 W/C（<0.4）
Very Low	100 − 1,000	Latex modified concrete, Internally sealed concrete
Negligible	＜ 100	Polymer impregnated concrete, Polymer concrete

表-2.1.3 HPC 実証橋と床版コンクリートの特性

州	橋の名称	床版コンクリートの指定された特性	
		28 日圧縮強度 (MPa)	急速塩化物浸透量 (coulombs)
Alabama	Highway 199	41.4	—
Colorado	Yale Avenue	35.2	—
Georgia	SR-920	50.3	2,000 (56days)
Louisiana	Charenton Canal Bridge	29.0	2,000 (56days)
Nebraska	120th Street	55.2	1,800 (56days)
New Hampshire	Route 104, Bristol	41.4	1,000 (56days)
New Hampshire	Route 3A, Bristol	41.4	1,000 (56days)
New Mexico	Rio Puerco	41.4	—
North Carolina	US-401	41.4	—
South Dakota	I-29 Northbound	31.0	—
South Dakota	I-29 Northbound	31.0	—
Tennessee	Porter Road	34.5	1,500 (28days)[注1]
Tennessee	Hickman Road	34.5	1,500 (28days)[注1]
Texas	Louetta Road	27.6, 55.2	—
Texas	San Angelo	41.4, 27.6	—
Virginia	Route 40, Brookneal	27.6	2,500 (28days)[注1]
Virginia	Virginia Avenue, Richlands	34.5	2,500 (28days)[注1]
Washington	State Route 18	27.6	—

(注 1) 37.6℃で 21 日間養生を含む.

表-2.1.4 高性能構造コンクリート (HPSC) の性能等級

性能	標準試験方法	FHWA HPC 性能等級		
		1	2	3
凍結融解抵抗性 F/T：相対動弾性係数(300 回)	AASHTO T 161 (ASTM C666)	70%≦F/T <80%	80%≦F/T <90%	90%≦F/T
スケーリング抵抗性 SR：目視評価基準(50 回)	ASTM C672	3.0≧SR >2.0	2.0≧SR >1.0	1.0≧SR ≧0.0
摩耗抵抗性 AR：平均深さ(mm)	ASTM C944	2.0>AR≧1.0	1.0>AR≧0.5	0.5>AR
塩化物浸透抵抗性 (CP=coulombs)	AASHTO T 277 (ASTM C1202)	2,500≧CP >1,500	1,500≧CP >500	500≧CP
アルカリシリカ反応性 ASR：膨張率(%, 56 日)	ASTM C441	0.20≧ASR >0.15	0.15≧ASR >0.10	0.10≧ASR
硫酸塩抵抗性 SR：膨張率(%)	ASTM C1012	SR≦0.10 (6 ヶ月)	SR≦0.10 (12 ヶ月)	SR≦0.10 (18 ヶ月)
流動性(SL：スランプ, SF：スランプフロー)	AASHTO T 119 (ASTM C143) SF 試験を提案	SL>19cm SF<51cm	51cm≦SF ≦61cm	61cm≦SF
強度 fc：圧縮強度(MPa)	AASHTO T 22 (ASTM C39)	55≦fc<69	69≦fc<97	97≦fc
弾性 Ec：弾性係数(GPa)	ASTM C469	34≦Ec<41	41≦Ec<48	48≦Ec
乾燥収縮 S：ひずみ(×10⁻⁶)	AASHTO T 160 (ASTM C157)	800>S ≧600	600>S ≧400	400>S
クリープ C：単位クリープひずみ(×10⁻⁶/MPa)	ASTM C512	75≧C>55	55≧C>30	30≧C

2.1.5　超高性能コンクリート（UHPC）オーバーレイ

2018 年 2 月，FHWA は，ヨーロッパで開発された UHPC (Ultra-High Performance Concrete)について，橋面舗装への適用をテクニカルノートで出版[8]した．なお，欧州では UHP (FR) C (Ultra-High Performance Fiber Reinforced Cement-based Composites)[9]と称し，1999 年のコンセプトでは，厚さ 1inch（20～30mm）の無筋で床版防水層，鉄筋を入れた厚さ 1-3/4～3inch（40～70mm）で床版と合成効果を持たせた補強としている．

これによると，ヨーロッパで開発された UHPC の物質浸透抵抗性は非常に高く，凍結融解損傷に対する耐性も優れており，この材料を使うことによって床版損傷の可能性は大幅に減少する．また，耐摩耗性も良好であり，収縮率も低いためひび割れの可能性が低く，適切な表面処理・仕上げをしたコンクリートと良く結合するため，オーバーレイの耐久性は非常に向上する．

UHPC は高強度で高剛性であるため，最小限の死荷重増加で，高い耐久性と構造上の強度増加が得られる．橋面舗装の工法として，1inch（25mm）から 2inch（51 mm）の超高性能コンクリート（UHPC）オーバーレイを紹介している．

すでに，米国では 2005 年以降，UHPC を使用して米国とカナダを合わせて 140 を超える高速道路橋が構築されプレキャスト部材の間詰めでは一般的に使用されているが，橋面舗装においては従来の UHPC では道路線形なりの打込みが困難であった．橋面舗装用に開発された UHPC は，チクソトロピーを持たせ，橋梁の片勾配や縦断勾配に対応することができた．

現状，コストが非常に高くなっているが，今後，ヨーロッパのように多く施工されるようになると，コストも下がりさらなる普及が予想されるとしている．

2.1.6　米国における橋面舗装の種類

米国の橋面舗装の種類別橋梁数比較を**表-2.1.5** に，橋面舗装の種類別面積比較を**表-2.1.6** に示す．また，表中のカリフォルニア州のデータを**図-2.1.2** と**図-2.1.3** に示す．アスファルト舗装とコンクリート舗装(表中のアスファルト舗装以外)の面積割合はそれぞれ 30，70%程度である．アスファルト舗装が少ない理由として，1970 年代に施工された床版防水で，防水効果に乏しいものが多く，アスファルト舗装の橋梁において水分や塩分がコンクリート床版に蓄積されて，床版の早期劣化の原因となったことから，アスファルト舗装をしないほうがよい，という考え方が定着したためである．

以上のことを背景に，**2.2 節**にて米国連邦道路局をはじめ，比較的温暖で雨の少ない地域であるカリフォルニア州交通局，また，東部で融雪材の散布が著しい地域として，ニュージャージー州交通局，ニューヨーク市交通局の橋梁床版に対する取組みを調査した．具体的な内容として，橋面コンクリート舗装，防水・排水機能の考え方，ひび割れ対応，防水層・摩耗層の考え方などを**2.2 節**に詳述する．

表-2.1.5　米国の橋面舗装種類別橋梁数比較（米国連邦道路局 2015 年　単位 橋）

州	床版と舗装の一体打ち	コンクリート舗装	LMC	低スランプコンクリート	エポキシ樹脂舗装	アスファルト舗装
California	3,489	885	10	5	66	7,371
New Jersey	2,263	33	661	7	17	2,618
New York	2,325	4,679	216	0	152	9,182

表-2.1.6　米国の橋面舗装種類別面積比較（米国連邦道路局 2015 年　単位㎡）

州	床版と舗装の一体打ち	コンクリート舗装	LMC	低スランプコンクリート	エポキシ樹脂舗装	アスファルト舗装
California	6,963,882	1,238,558	17,825	3,801	608,609	4,139,635
New Jersey	2,586,723	70,693	1,142,400	1,656	8,562	2,449,885
New York	2,022,964	6,110,764	535,541	0	158,221	3,607,399

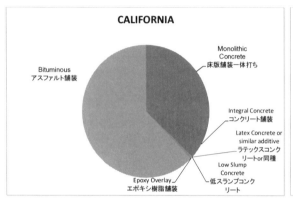

図-2.1.2　米国の橋面舗装種類別橋梁数比較
（米国連邦道路局 2015 年）

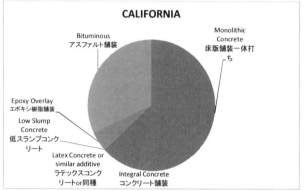

図-2.1.3　米国の橋面舗装種類別面積比較
（米国連邦道路局 2015 年）

(1) ラテックス改質コンクリート（LMC）オーバーレイ

　ラテックス改質コンクリート(LMC)舗装は，スチレンブタジエンラテックスのフィルム効果により，水分や塩化物に対する物質浸透抵抗性の高さや凍結融解性能に優れている事から，米国では 1960 年代から橋梁床版の損傷を防ぐ舗装材料として開発され，1969 年にバージニア州で初めてオーバーレイに施工された.

　1988 年には，コンクリートオーバーレイと床版の構造上の一体性[10]について，打込み面の表面処理と仕上げを十分に行い，湿潤状態に保った上で打込みに先行してラテックスモルタルを塗布すれば，床版上のコンクリートとして曲げ降伏限界を超える一体挙動が保証できることが示され，米国では一般に接着材やせん断キーを設けず既設床版に直接舗装コンクリートを打ち込む工法が一般的となっている. しかし，カリフォルニア州交通局（Caltrans）では，1996 年 Memo to Designers 8-5 [11]として，環境等の影響によりオーバーレイの自由端にそりの可能性がある場合には，周辺境界付近にせん断補強をする事を推奨している. そりの影響長さ L_c と，必要なせん断力 P_p が示されている.

　1992 年には 20 年経過した LMC 舗装の性能[12]が検証され，侵入した塩化物イオンは 3cm オーバーレイで 630coulombs と低く（表-2.1.2 参照），鉄筋位置で塩化物イオンが $2\,lb/yd^3(1.2kg/m^3)$以下の床版に施工された LMC オーバーレイの耐用年数は，20 年以上と報告された. 以降，2004 年時点で全米 1 万橋以上のオーバーレイで LMC が採用されている.

　従来，交通開放に 4〜7 日かかる LMC の施工性の改善としては，バージニア州で 1988 年に 24 時間で開放できる早強 LMC（LMC-HE）[13]が，1998 年には 3 時間で交通開放できる超早強 LMC（LMC-VES）[14]が施工された. いずれも強度や付着に問題は無いと報告されている. 2016 年に急速硬化する LMC のひび割れについて，有機系繊維補強の有効性が検証された[15]が，ひび割れの原因は主に施工や養生にあるとされ，繊維補強の有効性は無いとされた. ただし，鋼繊維や有機繊維によるひび割れ幅の抑制は検証されている[16].

　LMC は，交通解放に時間がかかることや，工法指定が無い場合に経済的な工法が選択されることなどから以前にくらべ使用は少なくなっているようであるが，依然橋面コンクリート舗装では主流の工法である．

　写真-2.1.1～2.1.6 は，米国における LMC 舗装の施工状況である（1991 年施工）．**写真-2.1.1** は打込み面の最終チェックの状況で，コンクリート床版は，ダイヤモンドグラインディング切削後脆弱な部分をハンマで取り除き，ニッケルスラグでブラストされ高圧洗浄されている．チッピングツールは 30 lb（13.5kg）以下，チッピングハンマは 15 lb（7kg）以下の使用が指定されている．床版と LMC の間に接着材を用いないため床版面の品質を厳しく管理している．

　写真-2.1.2 は，洗浄後，床版が濡れたままの状態でシートを敷き，その上を LMC 連続容積ミキサが入り打込みの準備をしている所である．ミキサ後方に見える黄色のトラスが締固めする橋面コンクリート舗装用ブリッジペーバである．

写真-2.1.1　床版表面仕上げ

写真-2.1.2　連続容積ミキサ車

写真-2.1.3　LMC 打込み前ブルーミング（→施工方向）

写真-2.1.4　スクリュ型スプレッダとフィニッシング
　　　　　　スクリードが一体化されたブリッジペーバ

写真-2.1.5　タイングルービングレーキ

写真-2.1.6　養生用黄麻布

　　写真-2.1.3 は，LMC 打込みを始めた状態で，打込み面は濡れた状態である．ラテックスを接着材としてブラシで床版にこすりつけるように広げ（brooming），乾燥する前に連続してコンクリートを打ち込まなければならない．なお，打込み時のラテックスは，40°F〜85°F（4℃〜29℃）で保管しなければならない．**写真**-2.1.4 はブリッジペーバでの打込み状況である．前方に回転するスプレッダと中央に振動ローラがあり後方にパンフロートがある．機械は左右にコンクリートを均しながらゆっくり前方へ進むが，事前に作動するレールの高さを調整し，ドライランと称する試験運転で施工厚を確認すると同時にスクリードの振動数もチェックしなければならない．

　　写真-2.1.5〜6 は，打込み後硬化までにレーキで表面に溝をつけて仕上げ，即座に湿った黄麻布で養生する様子である．この作業は打込み後 10 分以内に行い，黄麻布は最低 24〜48 時間散水等で湿った状態とし，上に厚さ 6/1000mm 以上の白または透明のプラスチックシートを覆わなければならない．湿潤養生は 48〜60 時間行い，その後必要強度が発現されるまで気中養生される．

　　米国では，LMC 舗装が初期養生中に急速な乾燥を受けると亀甲状の初期プラスチック収縮ひび割れが生じて，凍結融解抵抗性や物質浸透抵抗性などの耐久性に影響するため，初期養生が重要視されている．この乾燥による収縮ひび割れを防止するため，単位面積・時間あたりの水分蒸発量が規制されている．ACI548.4-11 Specification for Latex-Modified Concrete Overlays[17]に示されるグラフを**図**-2.1.4 に示す．

　　グラフの使い方は，図中の矢印の順序にしたがい，グラフ左上温度と湿度の交点からグラフ右上コンクリート温度との交点を求め，グラフ右下風速との交点を求め蒸発量を読む．同様な表は，日本においてもセメントコンクリート舗装要綱[18]の表-6.6 に示されている．

　　使用する数値は，コンクリート温度はミキサから排出中および打込み中の温度を測定し，気温および相対湿度は打込み面より 4ft 〜6ft（1.2m〜1.8m）上で遮光された風上側の値を測定，および，風速は打込み面より 20inch（51cm）上での値を測定して採用する．

　　計測間隔は，ACI305.1-06 Specification for Hot Weather Concreting[19]では，30 分以下の間隔で計測値をモニターし，打込み 1 時間前までに対策の必要性を評価するよう規定している．蒸発量の詳細な数値は，ACPA(American Concrete Pavement Association)のホームページ[20]などで算出可能であるが，ACI Materials Journal[21]には，計算機で精度良く算出できる簡易式も記載されている．

　　ACI548.4-11 では，LMC の施工を 0.10 lb/ft^2/h（0.5 kg/m^2/h）以下の場合に制限している．この値は，ACI305.1-06 に示される米国での暑中コンクリート（27℃以上）の制限値 0.2 lb/ft^2/h（1.0 kg/m^2/h）の半分に抑えられている．なお，セメントコンクリート舗装要綱に示される 0.5 kg/m^2/h 以上は要注意，1.0 kg/m^2/h 以上は特に注意，とする記述は米国の暑中コンクリートと同等であり，LMC 舗装の施工はより厳しく 0.5kg/m^2/h 以下の場合に制限される．

(2)　マイクロシリカコンクリートオーバーレイ，低スランプ／高密度コンクリート

　　1980 年代，コンクリート混和材としてシリカフューム（マイクロシリカ）を用いたシリカフューム（マイクロシリカ）コンクリートは，LMC より経済的で同様の利点をもたらすと報告され導入された．しかし，打込み時の高い粘性や，養生期間の長さ（7 日以上）から使用は減ってきている．同様に，スランプ 2.5cm 以下の低スランプ／高密度コンクリートも施工性の問題から採用は減りつつある．

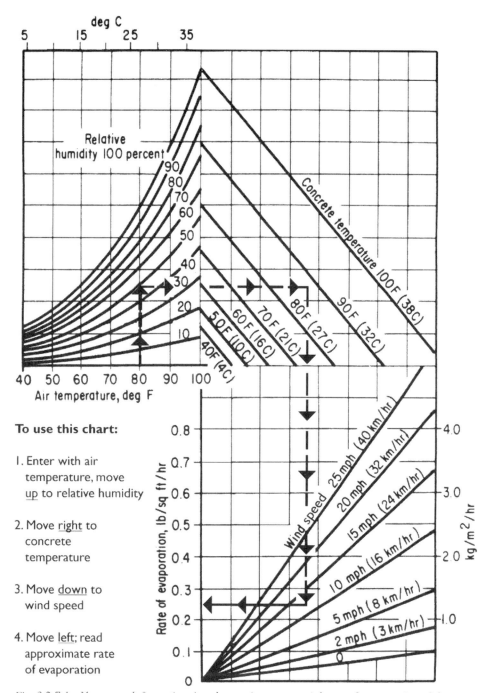

Fig. 3.2.7.1—Nomograph for estimating the maximum potential rate of evaporation of the environment.

図-2. 1. 4 米国におけるコンクリート表面の水分蒸発量計算表 [17]

(3) ポリマーコンクリートオーバーレイ

ポリマーコンクリートオーバーレイは，1950 年代，RC 床版上にコールタールエポキシ単層に細骨材を散布する工法で施工され， 1960 年代には性能の良いエポキシ樹脂が使用された．1970 年代になり，不飽和ポリエステルレジンとメチルメタクリレートモノマーシステムのプライマーを用いる工法で施工され，その混合されたポリマーコンクリートはスクリードを使用して敷き均され施工されるようになった．1980 年代に薄層ポリマーオーバーレイ（Thin polymer overlays 以下 TPOs と略す）の関心が高まり，層間剥離

（コンクリート床版とポリマーの熱不適合性）や建設技術，材料が改善され性能が向上した．

　2012 年の報告[22]によると，米国・カナダでの TPOs の施工は，1999 年までに施工された数の 4 倍となり急激に普及しているが，米国 7 州とカナダ 3 州では使用しておらず，カリフォルニア州のみ不飽和ポリエステルポリマーを結合材に用いたコンクリートを使用している．また，現在，いくつかの州道路局が TPOs の仕様を作成して公開している．

　薄層ポリマーコンクリートオーバーレイは 1inch(25mm)を越えない厚さでポリマーバインダーと骨材で構成されており，下記 3 タイプがある．

1. Multi-Layer TPO (3/8inch)：多層薄層ポリマーオーバーレイ（9.5mm）
   ・Epoxy or other polymer，ポリマー2 層の上に骨材を散布，
   　橋梁床版が健全な状態で不陸が少ない場合
2. Slurry （1/4inch- 3/4inch)：スラリー（6.4mm～19mm）
   ・MMA, Epoxy, etc
3. Premixed Polymer （3/4inch and up)：プレミックスポリマー（19mm かそれ以上）
   ・Polyester Polymer Concrete(PPC)，プライマー，不飽和ポリエステル樹脂，骨材
   　水・塩分を通さない，2～4 時間で交通開放，30 年の実績

薄層ポリマーコンクリートオーバーレイは，日本で言う舗装では無く，摩耗に対するすりへり層（Wearing Surface）として捉えられており，橋梁床版上の層として水や塩分の侵入を防ぐ役割と捉えられている．

　利点として

・死荷重がほとんど増えない
・硬化時間が非常に速い
・薄いためアプローチを上げる必要性がない
・建設中にオーバーレイされたレーンからオーバーレイされていないレーンに移行できる
・水や塩化分イオンの透過性がほとんどない
・摩擦抵抗が長期的に良好である

　一方，施工上の注意点として

・気温（40F～100F（4℃～38℃）），降雨時施工不可
・健全な橋梁床版と，適切な表面仕上げが必要

　健全な橋梁床版に適切に施工された場合，薄層ポリマーコンクリートオーバーレイは，20 年または 25 年の耐用年数を得られるとしている．

　写真-2.1.7～2.1.10 は，カリフォルニア州におけるポリエステルレジンの舗装施工状況である（1991 年施工）．

　現場近くに置かれた材料（**写真-2.1.7**）を用い，その近くで混合された後，バックホウで供給され，振動スクリードで施工されている．厚さはおよそ 1inch（2.5cm）程度で，打込み後砂を散布している．

写真-2.1.7　材料

写真-2.1.8　トラススクリード（→施工方向）

写真-2.1.9　厚さ計測（←施工方向）

写真-2.1.10　施工中

2.1.7　米国における橋面舗装の施工機械

　橋梁床版上において，コンクリート舗装の施工が広い面積となり路面としての平たん性が要求されるため，米国におけるコンクリート舗装は，ブリッジペーバやスクリードと呼ばれる大型の機械で施工されている．

　カルフォルニア州の橋梁床版の施工において最も頻繁に使われているコンクリート舗装用施工機械（フィニッシャ）は，「Terex®Bid-well」であるが，その他にも Allen，GOMACO 及び Borges のブランドが使用されている．

　以下，米国で使用されているコンクリート舗装用施工機械（フィニッシャ）の仕様と特徴を示す．1960年代初頭より使われているコンクリートのフィニッシャは，生産性の向上と品質確保に貢献しており，床版全体の打設とオーバーレイの施工に適用できる．多様化する要求事項に対応するため，機械の耐久性と多機能性を向上させ，均一で高品質なコンクリートの施工を可能にする．堅牢で軽量化されたフレームは台車やレールを柔軟に設置できるようになっている．近年では安全性や生産性を高めるための遠隔操作や自動施工が進んでいる．以下，代表的な施工機械とその特徴について紹介する．

（1）TEREX®Bid-Well 社[23]の施工機械

　コンクリート舗装用施工機械として，TEREX®Bid-Well 社の「Terex® Bid-Well 2450,3600,4800」について紹介する．（図表-2.1.1）

　「Terex® Bid-Well 4800」は幅 180 ft（54.9 m）までの施工が可能である．特許取得済みの「Rota-Vibe®システム」（※バイブレータによる締固め装置）による機能を追加することによって，コンクリートの上層 2.5 inch（6.4 cm）にわたって締固めながら敷き均すことが可能であり，一回の走行で床版を平坦に仕上げることができる．

Terex® Bid-Well には，調整可能なデュアルオーガがあり，施工中に余分なコンクリートを前方に押し出して仕上げることから，生産性を向上させ省力化が図れる．ローラペーバは自動的に次の施工地点まで前進させることができる．「3600」及び「4800」の敷均し機械は，平面，放物面，冠状面，傾斜面，超高架面，テーパ面など，さまざまな表面を舗装するための装備が備わっている．

図表-2.1.1　Terex®Bid-Well 社のコンクリート舗装用施工機械

	2450	3600	4800
パワーユニットエンジン	Kohler ガソリンエンジン 20 馬力/15kw	Kohler ガソリンエンジン 20 馬力/15kw	Kohler ガソリンエンジン 23 馬力/17kw
推進エンジン	Kohler ガソリンエンジン 20 馬力/15kw	Kohler ガソリンエンジン 20 馬力/15kw	Kohler ガソリンエンジン 23 馬力/17kw
最小施工幅	8 ft （2.4 m）	8 ft （2.4 m）	12 ft （3.6 m）
最大施工幅	56 ft （17 m）	86 ft （26.1 m）	116 ft （35 m）
トラス深	24 in （61 cm）	36 in （91 cm）	48 in （1.2 m）
ローラ幅	デュアル 4 ft （1.2 m）	デュアル 4 ft （1.2 m）	デュアル 5 ft （1.5 m）
オーガ幅	デュアル 径 8 in （20 cm）	デュアル 径 8 in （20 cm）	デュアル 径 8 in （20 cm）
施工時の重量	6,054 lbs （2,746 kg）	7,760 lbs （3,384 kg）	10,473 lbs （4,062 kg）
特徴	最大機械延長 60 ft （18.28 m） Rota-Vibe® system （特許）	最大機械延長 90 ft （27.4 m） 斜角 55 度まで施工可能 オプションにより側溝及びのり面の仕上げが可能	最大機械延長 120 ft （36.5 m） 斜角 55 度まで施工可能 上下の高さ調整が可能

(2) Allen Engineering Corp 社 [24]の施工機械

Allen 社のコンクリート舗装用施工機械を紹介する．さまざまなサイズと構成が用意されており，必要に応じてカスタマイズできる．（図表-2.1.2）

「4836B」の最大幅は 90 ft （27.4 m），6048B の最大幅は 120 ft （36.5 m）である．メインフレームとデュアルローラのついた台車の動力はともに油圧駆動である．台車には，剛性のある軽量の管状フレームから

吊り下げられたデュアルローラとデュアルオーガが装備されている．仕上げローラは斜角のある橋梁においても施工可能なターンテーブルに取り付けられ，各パスの後に自動的に逆回転に切り替わる．デュアルオーガは，いずれかの方向に移動しながら，余分なコンクリートを前方に押し出して仕上げる．オーガと仕上げローラは，最適なパフォーマンスのために上下方向に調整できる．

図表-2.1.2　Allen®社のコンクリート舗装用施工機械

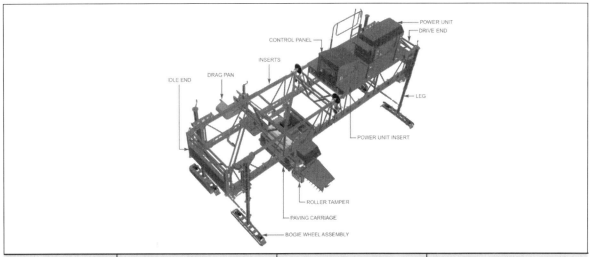

	4836B	6036B	6048B
パワーユニットエンジン	Kohler ガソリンエンジン 23.5 馬力 / 17.5kw	Kohler ガソリンエンジン 23.5 馬力 / 17.5kw	Kohler ガソリンエンジン 23.5 馬力 / 17.5kw
推進エンジン	Kohler ガソリンエンジン 23.5 馬力 / 17.5kw	Kohler ガソリンエンジン 23.5 馬力 / 17.5kw	Kohler ガソリンエンジン 23.5 馬力 / 17.5kw
最大舗装幅	90ft （27.4 m）	90ft （27.4 m）	120 ft （36.5 m）
ローラ幅	デュアル 48 inch （1.2 m）	デュアル 60 inch （1.5 m）	デュアル 60 inch （1.5 m）
オーガ幅	デュアル 8 inch （20 cm）	デュアル 8 inch （20 cm）	デュアル 8 inch （20 cm）

　Allen 社は比較的小規模な施工に適した小型のスクリードも作っている．**写真-2.1.11** は、Truss Screed と呼ばれ日本でもレザーバック工法として用いられている．

写真-2.1.11　Truss Screed
（Allen Engineering HP[24] より引用）

(3) GOMACO 社[25]の施工機械

　GOMACO 社のコンクリート舗装用施工機械（シリンダーフィニッシャ）を紹介する．（**図表-2.1.3**）GOMACO が特許を取得した 3 点仕上げシステムでは，オーガがコンクリートを平坦に敷均し，シリンダがコンクリートの圧縮と仕上げを行い，フロートパンが表面のテクスチャ加工を行う．直径 10inch（254 mm）のオーガがシリンダ平坦な仕上げを実現する．オーガとシリンダは，エレベーションジャッキを上下させることで施工中に高さを調整できる．高スランプまたは低スランプコンクリートの仕上げにおいて，12 ft （3.66 m）で 1/8 inch （3 mm）未満の誤差を保証

している．ピン接続されたセクションにより，迅速なセットアップ時間と施工要件に適合する汎用性を実現した．**図-2.1.5**に示す「C-450」のフレーム幅は，幅調整機能を有するフレームを取り付けた状態で，12 ft（3.66 m）から104 ft（31.7 m）の範囲である．「C-750」のフレームの幅は，16 ft（4.88 m）から160 ft（48.77 m）である．

図表-2.1.3　GOMACO社のコンクリート舗装用施工機械

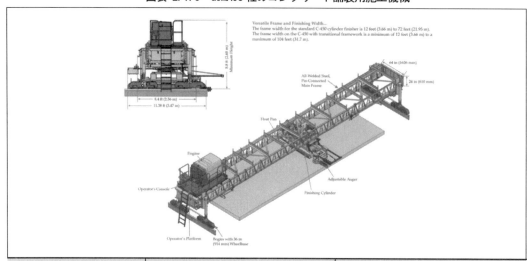

	C-450	C-750
パワーユニットエンジン	Kohler ガソリンエンジン 18 馬力/13.4kw	Kohler ガソリンエンジン 18 馬力/13.4kw
推進エンジン	Kohler ガソリンエンジン 18 馬力/13.4kw	Kohler ガソリンエンジン 18 馬力/13.4kw
最大舗装幅	104ft（31.7 m）	160ft（48.8 m）
ローラ幅	デュアル 48 inch（1.2 m）	デュアル 48 inch（1.2 m）
オーガ幅	デュアル 10 inch（0.25 m）	デュアル 10 inch（0.25 m）

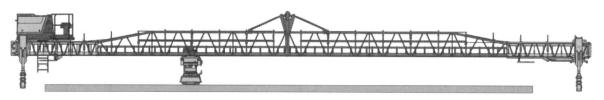

図-2.1.5　GOMACO社のコンクリート舗装用施工機械「C-450」

（青色部分を取り付けることで施工幅を広げることができる）

　米国における橋梁床版上のコンクリート舗装では，一般的にこのような専用機械での施工が行われ，省力化と施工速度・精度の向上が図られている．

2.1.8　米国における橋面舗装の比較

　床版の維持及び補修に用いられるオーバーレイの種類は，サービス寿命の延長に関する要求を満たすために必要ないくつかの要素により決定される．**表-2.1.7**は、WisDOT[26]（ウィスコンシン州交通局）においてオーバーレイの種類を選択する際に参考とされる比較表である．**図-2.1.6**に示すよう，一般的に，床

版の損傷が軽微な場合は薄層ポリマーオーバーレイが予防保全として推奨される．薄層ポリマーオーバーレイは，塩化物の浸透を抑制するため，供用後，数年以内に適用することが望ましい．さらに，損傷が進行した床版の場合は，既存の床版を切削し低スランプコンクリートでオーバーレイを実施する．架け替え時期が近づいている床版については，アスファルトオーバーレイが乗り心地を改善するための費用対効果の高い選択肢になる場合がある．

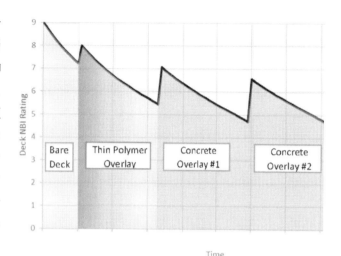

図-2.1.6　橋梁床版の劣化曲線（WisDOT）

表-2.1.7　各種橋面オーバーレイの長所・短所

オーバーレイ種類	長所	短所	摘要
薄層ポリマーオーバーレイ	• 死荷重増加が小さい • 交通への影響が少ない • 床版のシールが可能 • 摩擦性能の向上	• 既設床版コンクリートの材齢が 21 日以上必要 • 損傷が少なく、塩分濃度が低い床版に適用可能 • 施工時の湿度や温度、水分の影響を受けやすい • リフレクションクラックが発生しやすい	
低スランプコンクリートオーバーレイ	• 施工業者になじみが深く、発注者側の事績も多い • 長寿命化に寄与する • 耐久性がある • 高さ調整や損傷部分の補修が容易	• 交通への影響 • 死荷重の増加 • 保守管理頻度の向上 • 高欄の高さ不足が懸念 • ひび割れが発生しやすい • 専用のフィニッシャが必要	• 翌年及び定期的にひび割れの補修が必要となる場合がある
ポリエステル樹脂ポリマーコンクリートオーバーレイ	• 死荷重の増加が小さい • 交通への影響が小さい • 床版のシールが可能 • 摩擦性能の向上 • 長寿命化に寄与する • 耐久性がある • 維持保全が容易	• 費用が高い • 専用機器が必要 • ウィスコンシン州での実績が少ない • 施工時の湿度や温度、水分の影響を受けやすい	• BOS（州の構造物担当部署）の事前承認が必要
ポリマー改質アスファルトオーバーレイ	• 交通への影響が少ない • 施工が容易 • 木製床版やスラブ等の構造物にも適用できる	• 費用が高い • 透水性 • 既設床版上部の健全度を把握し難い	• ウィスコンシン州では耐久性の検証データが少ない
アスファルトオーバーレイ	• 費用が安い • 施工が容易 • 高さ調整や損傷部分の補修が容易	• 短寿命 • 連邦補助金の対象外 • 透水性 • 既設床版上部の健全度を把握し難い	• 4 年以内に床版や橋梁の架け替えの予定がある場合に適用
防水層付きアスファルトオーバーレイ	• 施工が容易 • 交通への影響が少ない • 長寿命化に寄与する • PC 箱桁橋等の柔軟な構造物にも適用できる	• 透水性 • 防水層が必要 • 既設床版上部の健全度を把握し難い	• WisDOT では現在検討中 • BOS（州の構造物担当部署）の事前承認が必要

表-2.1.8 は，WisDOT における橋面オーバーレイの種類を比較した事例である．

表-2.1.8　各種橋面オーバーレイの比較

オーバーレイ種類	薄層ポリマーオーバーレイ	低スランプコンクリートオーバーレイ	ポリエステル樹脂ポリマーコンクリートオーバーレイ(※2)	ポリマー改質アスファルトオーバーレイ	アスファルトオーバーレイ(※4)	防水層付きアスファルトオーバーレイ(※2)
オーバーレイ寿命(年)	7～5	15～20	20～30	10～15	3～7	5～15
交通への影響(※6)	1 日未満	7 日程度	1 日未満	1～2 日	1～2 日	1～2 日
施工費(※1)(／ft²)	3～5 ドル	4～7 ドル	8～18 ドル	10～22 ドル	1～2 ドル	5～8 ドル
橋梁補修単価(※1)(／ft²)	4～8 ドル	14～23 ドル	10～30 ドル	20～42 ドル	4～10 ドル	8～16 ドル
最小オーバーレイ厚さ	0.375inch(0.95cm)	1.50inch(3.8cm)	0.75inch(1.9cm)	2.0inch(5.1cm)	2.0inch(5.1cm)	2.0inch(5.1cm)
表層部分の損傷%(浮き、剥離、パッチ等)	2%以下	25%以下	5%以下	25%以下	NA	25%以下
パッチ材料	コンクリート(※3)，早強コンクリート(※2)，オーバーレイと同材料	混合オーバーレイ	コンクリート(※3)，早強コンクリート(※2)，PPC	コンクリート(※3)，早強コンクリート(※2)	コンクリート(※3)，早強コンクリート(※2)	コンクリート(※3)，早強コンクリート(※2)
表層準備	ショットブラスト	切削およびショットブラスト(※5)	ショットブラスト(※5)	サンドブラスト	高圧水または圧縮空気によるブラスト	サンドブラスト(※5)
オーバーレイ仕上げ方法	骨材	ほうき目	ほうき目または砂散布	なし	なし	なし

(※1) 2017 年の参考値．オーバーレイ費用は最低厚さの施工と材料費を想定．橋梁補修費用はジョイント部，床版，表面準備やオーバーレイにかかわるすべての費用を想定．交通規制にかかる費用は含まない．

(※2) 発注者の承認が必要．

(※3) ポルトランドセメントコンクリートのパッチの場合，オーバーレイを施工する前に 28 日の養生期間の確保が必要となる場合がある．

(※4) 連邦補助金の対象外．

(※5) 供用後 10 年以上経過し，切削履歴がない RC 床版の場合，1－3/4inch（4.4cm）の切削厚が推奨される．

(※6) オーバーレイ施工から供用開始までにかかる期間．床版の補修や足場組立の時間を含まない．

2.2　米国における橋梁床版と橋面舗装の現地調査結果 [27~29)]

2.2.1　カリフォルニア州交通局

　カリフォルニア州交通局（California Department of Transportation，以下，CALTRANS）は，カリフォルニア州を 12 の地区に分け，各地区に地区拠点となる事務所を設置している．

　道路の路面は，歩道や駐車場・駐車帯はコンクリート舗装，都市内の車道はアスファルト舗装が主流である．歩道は現場打ちコンクリートとコンクリート製品が多く，歩道でもほうき目仕上げが施されている場所もある．横断歩道ではプレキャストコンクリート製品の舗装版も使用されている．高速道路では橋面上はコンクリート舗装であるが，土工部はアスファルト舗装も多い．基本的にはコンクリート舗装を用いているが，騒音低減などが必要な場合やコンクリート舗装の表面補修などでアスファルト舗装が増えている．

写真-2.2.1　PPC によるﾊﾟｯﾁﾝｸﾞ（出典 CALTRANS）

写真-2.2.2　Methacrylate の塗布（出典 CALTRANS）

　CALTRANS では，劣化損傷した RC 床版は上面からメタクリル樹脂プライマー（Methacrylate）とポリエステルポリマーコンクリート（Polyester Polymer Concrete，以下，PPC）を用いた補修を行っている．補修方法は，劣化損傷したコンクリートの調査を行い，浮きなどがある範囲を特定し，上側鉄筋まで完全に除去する．そして，除去した部分は PPC を用いてパッチングを行う（**写真-2.2.1**）．その後，表面の汚れなどを除去する目的でショットブラスト処理を行い，表面の清掃と乾燥を行う．メタクリル樹脂は湿気があると付着性状が低下するため，相対湿度 85% 以下とする．次に，メタクリル樹脂を $0.45～0.54L/m^2$（$75～90\ ft^2./gallon$）の範囲となるようにレーキやローラ刷毛などを用いて塗布する（**写真-2.2.2**）．メタクリル樹脂はひび割れ内部への充填性が高いことをコア試験で確認しており（写真-2.2.3），面的なひび割れの補修が可能である．最後に，表面にすべり抵抗を向上させるために砂を散布して終了となる．

写真-2.2.3　ﾒﾀｸﾘﾙ樹脂の充填性（出典 CALTRANS）

　さらに，塩化物の侵入防止や耐摩耗性を向上させる場合には，PPC を表層として敷設する場合もある．PPC はポリエステルポリマー樹脂に骨材を混ぜて硬化させたもので，セメントコンクリートの 10 倍の耐摩耗性を有し，すべり抵抗性が高く，硬化時間が 4 時間と速硬性があるため，急速施工が可能な材料である．また，弾性係数がコンクリートの 1/4～1/3 程度であり，じん性があるためひび割れが発生しにくい．ただし，PPC の樹脂材料はセタ密閉式引火点が 32℃（華氏 89 度）と引火性が高いことから，危険性物質

写真-2.2.4　ミキシングトラック（出典 CALTRANS）

写真-2.2.5　PPC の敷均し（出典 CALTRANS）

（HAZMAT）となっており，保管などの取扱いには十分な注意が必要である．PPC は移動式で容積計量可能なミキシングトラック（**写真-2.2.4**）で混合する．施工面をメタクリル樹脂でプライマー処理した後，ペーバを用いて 3～10 cm の薄層で敷設する（**写真-2.2.5**）表面はすべり抵抗の向上を目的としたタイングルービングを行う場合もあるが，硬化が早いため仕上げ後，速やかに行う必要がある．砂散布は，表面の光沢がなくならないうちに行うことが肝心である．硬化後，表面の清掃を行った後，交通開放となる．これらを米国では" Wearing Surface "や" Surfacing "と呼称しており，構造設計上では日本における「橋面舗装」と同様に強度部材ではなく橋面の摩耗層となる．CALTRANS では，この補修技術はカリフォルニア州内で現在施工実績を増やしており，今後は米国内にも普及するものと考えている．

2.2.2　ニュージャージー州交通局

ニュージャージー州交通局（State of New Jersey Department of Transportation，以下，NJDOT）は，橋面上の舗装については，やはりコンクリート舗装が主体であり，都市部ではアスファルト舗装も増えてきたものの，全体の 7 割はコンクリート舗装である．この理由として，床版の点検が容易であること，床版上面とアスファルト舗装の間に水を滞水させる心配がないことが挙げられる．また，アスファルト舗装の場合の滞水の問題を解決するためには防水層の施工が必要であり，施工費用の面でもコンクリート舗装のほうが優位と考えられている．コンクリート舗装の乗り心地の悪さについては，ニュージャージー州でもさほど問題に挙がってきていないとの調査結果である．

なお，コンクリート舗装は約 38 mm（1.5inch）以上の厚さで施工するよう定められているが，新設の場合は床版と舗装を分割した 2 層打ちはせずに，床版と舗装を同時に 1 層で打ち込むケースが多い．一方，既設床版上のコンクリート舗装の打換えの場合は，LMC が多く用いられている．

コンクリート床版の補修方法は，その損傷程度に応じて①表層だけを削るケース，②鉄筋下まではつるケース，③全厚を打ち直すケースの 3 ケースに大別される．表層だけを削った場合は，その後に LMC やセメントを用いないポリマーコンクリート（Polymer Concrete）などで増厚される．早期開放が必要な場合は，速硬コンクリート（Rapid hardening Concrete）が使われる場合もある．

点検で鉄筋の腐食が確認された場合には，鉄筋の下までコンクリートをはつる．腐食した鉄筋はサンドブラストでさびを除去し，エポキシコーティングしてからコンクリートを打ち込む．鉄筋の断面欠損が 25%以上の場合は，新しい鉄筋を継ぎ足すようにする．断面修復には，近年，高性能コンクリート（High Performance Concrete,以下，HPC）が適用されるケースも多い．この HPC は，一般に水セメント比（W/C）が小さな密実なコンクリートであり，ポリマーやシリカフューム等を混入するような数種類の HPC が存

在している.

　また近年，ニュージャージー州でも床版の更新件数が増えてきている．これは，床版のみでなく鋼桁等も含めて劣化損傷が激しい場合が多く，その主要因はジョイント部からの漏水であるとの話であった．とくに凍結防止剤を散布した後に，塩水がジョイント部を通して桁にまで流れることが原因であり，NJDOTでは桁端部を高圧水で洗浄する対策がとられている.

2.3　米国における橋梁床版に関するその他の話題

2.3.1　エポキシ樹脂塗装鉄筋

　橋梁床版に用いられているエポキシ樹脂塗装鉄筋に関する話題を以下に紹介する.

(1)　カリフォルニア州交通局

　カリフォルニア州においても冬期に凍結防止剤を散布するため，塩害による鉄筋腐食が生じている．その対策として，エポキシ樹脂塗装鉄筋を標準使用としており，問題となることは少ない．ひび割れなどの劣化損傷が生じた場合には前述した補修方法による対応を行っている．米国基準における RC 床版の設計上の純かぶり厚は，上側鉄筋で約 50 mm，下側鉄筋で約 25 mm である．しかし，米国では橋梁上の舗装はコンクリート舗装を標準として設計しており，新設時には舗装を一体打ち施工するため，かぶり厚はこの基準より大きくなっており，塩害に対してはより安全側である.

(2)　ニュージャージー州道路局

　ニュージャージー州は，北東でニューヨーク，南西でフィラデルフィアと接しており，古くよりこの 2 大都市を結ぶ回廊として道路が整備され，主要道では 1 日 30 万台を超す通行量がある．開拓が早かった東部海岸側は橋梁建設の一次ピークが 1930 年代前後であり，供用 70〜80 年を越す橋梁も少なくない．また冬季には，氷点下を下回る日が続くため，大量の凍結防止剤が散布される．このような事情から，橋梁構造物にとって過酷な使用環境であり，とくにコンクリート床版の維持管理に関し，古くより悩まされてきた地域である.

　コンクリート床版の劣化・損傷対策として，ニュージャージー州では新設の床版に用いる鉄筋は，エポキシ樹脂塗装鉄筋を標準仕様としている．また，それ以外にも，ステンレスクラッド鉄筋（MMFX 鋼），亜鉛めっき鉄筋，ステンレス鉄筋などもあり，それらの使い分けは場所や目的によるものである.

(3)　ニューヨーク 678 号の橋梁架替え工事のエポキシ樹脂塗装鉄筋

　678 号の橋梁架替え工事は，床版の劣化対策によるものとのことである．現場は**写真-2.3.1**に示すような橋脚施工時であり，使用されている鉄筋はエポキシ樹脂塗装鉄筋であった．この現場以外でも，移動中に見掛けた工事では，床版あるいは壁高欄の鉄筋にもエポキシ樹脂塗装鉄筋が使われており，NJDOT と同様に標準使用であることがうかがえる．価格については鉄筋の 2〜3 割増しとの情報である.

写真-2.3.1　橋梁架替中の下部工施工現場

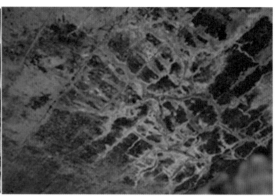

写真-2.3.2　ブルックリン橋アプローチの塩害損傷

2.3.2　残存型枠(SIPMF:Stay-in-Place Metal Form)

　ニューヨーク市交通局（ New York City Department of Transportation：以下，NYCDOT）では，ブルックリン橋等で床版打込み時に鋼製残存型枠を使用している．日本においては，鋼製残存型枠のデメリットとして，水が溜まりやすいことや橋梁下面からの目視調査が行えないことが懸念されているが，NYCDOT の見解としては，かぶりコンクリートの剥落による第三者被害防止の方が重要との判断である．事例を以下に紹介する．

写真-2.3.3　床版の漏水跡と錆汁

(1)　ブルックリン橋アプローチの塩害損傷

　ブルックリン橋の建設は 1883 年であり，現在も交通量が多く RC 床版の傷みも激しく，アプローチでは幾度も修復が繰り返されている．写真-2.3.2 に示すアプローチ部では，鋼桁部の橋梁架替え区間と補修工事区間があり，補修工事区間では桁端部の補修が行われている．この桁端部は，伸縮装置からの漏水により鋼桁が腐食しており，下部工の鋼材の腐食にまで影響を及ぼしている．また，写真-2.3.3 に示す床版下面には，鋼製残存型枠が用いられており，型枠の境界部からは漏水跡および錆汁が見られ，床版下面部での溜水が推測された．

(2)　278 号高架橋の鋼製残存型枠と第三者被害防止

　写真-2.3.4 はマンハッタン島からヒュー・L・キャリー・トンネルを抜けて南に向かう 278 号の高架橋であり，拡幅工事を繰り返すたびに，RC 床版も補修工事を施しているとのことである．ここでも下面には鋼製残存型枠が設置されていた．写真に示すように，ところどころに漏水や遊離石灰等が確認でき，一部では鋼製残存型枠自体の腐食が激しい箇所も見受けられる．

　写真-2.3.5 は，ニューヨーク市郊外のジャマイカ地区の，道路交差部の鉄道橋（鋼橋）RC 床版である．建設年は不明だが，鉄筋の腐食が激しく，鉄筋に沿ってかぶりコンクリートがはく離しており，中性化によるものと思われる．このような劣化の現状が，一般市民に目に見える形として現れており，上記の見解が理解できる．

写真-2.3.4　278号高架橋と鋼製残存型枠

写真-2.3.5　道路交差部の道路橋の RC 床版

【第2章　参考文献】

1)　Choate, P. Walter, S. : America In Ruins : The Decaying Infrastructure, Duke Press Paperbacks, 1981
　　(翻訳)社会資本研究会：荒廃するアメリカ，開発問題研究所，1982

2)　U.S. Department of Transportation Federal Highway Administration, [Bridges by Year Built, Year Reconstructed and Material Type 2013], <https://www.fhwa.dot.gov/bridge/nbi/no10/yrblt_yrreconst13.cfm#a>，（最終アクセス2020年4月1日）

3)　Russell, H. et all, : Concrete Bridge Deck Performance, National Cooperative Highway Research program Synthesis 333, Transportation Research Board, Washington, D.C. 2004

4)　Lane, S. : Long Term Bridge Performance Program, Summary Report,-Current Information on the Use of Overlays and Sealers, FHWA Publication N. : FHWA-HRT-16-079, Oct.2017

5)　岡村甫，前川宏一，小澤一雄：ハイパフォーマンスコンクリート，技報堂，1993.9

6)　Transportation Research Board (TRB) : High Performance Concrete Specifications and Practices for Bridge, NCHRP Synthesis Report, p.441, 2013

7)　D.Whiting, et all : Rapid Determination of the Chloride Permeability of Concrete, Federal Highway Administration, FHWA-RD-81-119, p.127, August 1981

8)　TECHNOTE : Ultra-High Performance Concrete for Bridge Deck Overlays, Turner-Fairbank Highway Research Center, Federal Highway Administration, FHWA-HRT-17-097, Feb. 2018

9)　Eugen Bruhwiler : Accelerated Bridge Strengthening using UHP(FR)C, [ABC-UTC at Florida International

University, Dec.14, 2017] <https://abc-utc.fiu.edu/wp-content/uploads/sites/52/2017/12/2017-12-14_ABC-UTC-Webinar_UHPFRC.pdf> （最終アクセス 2020 年 4 月 1 日）

10)　Seible, F. Latham, C. Krishnan, K. : Structural Concrete Overlays In Bridge Deck Rehabilitation - Summary Of Experimental Results, Analytical Studies And Design Recommendations, Final Report Volume I, June 1988

11）　Caltans : Overlays on Existing Bridge Decks, Memo to Designers 8-5, March 1996

12)　Sprinkel, M. : Twenty-Year Performance of Latex-Modified Concrete Overlays, Transportation Research Record 1335, TRB, National Research Council, Washington, D.C., 1992, pp.27-35,

13)　Sprinkel, M. : High Early Strength Latex-Modified Concrete Overlay, Transportation Research Record 1204, TRB, National Research Council, Washington, D.C., 1988, pp.42-51,

14)　Sprinkel M. : Very-Early-Strength Latex-Modified-Concrete Overlay, Technical Assistance Report, Virginia Transportation Research Council, Dec.1998

15)　Smyl, D. et all : The Use Of Fiber Reinforcement In Latex Modified Concrete Overlay, Research and Development, North Carolina State University, NCDOT Project 2016-07, FHWA/NC/2016-07, Dec.2016

16)　K. Evelina, Ozyildirim C. : Investigation of Properties of High-Performance Fiber-Reinforced Concrete, Very Early Strength, Toughness, Permeability, and Fiber Distribution, Virginia Transportation Research Council, FHWA/VTRC 17-R3, Jan.2017

17)　Micael S.Stenko, et all : ACI 548.4-11 Specification for Latex-Modified Concrete Overlays, An ACI Standard, Reported by ACI Committee 548, 2012

18)　（社）日本道路協会 : セメントコンクリート舗装要綱 昭和 58 年度改訂版，昭和 59 年 2 月，p179

19)　K.P.Brandt, et all : ACI 305.1-14(20) Specification for Hot Weather Concreting, An ACI Standard, Reported by ACI Committee 305, Reapproved 2020

20)　American Concrete Pavement Association, [Evaporation Rate Calculator-ACPA], <http://www.apps.acpa.org/apps/EvaporationCalculator.aspx>，（最終アクセス 2020 年 4 月 1 日）

21)　Uno, J.P. : Plastic Shrinkage Cracking and Evaporation Formulas, ACI Materials Journal, Technical Paper, 95-M34, pp368, July 1998

22)　Transportation Research Board (TRB): Long-Term Performance of Polymer Concrete for Bridge Decks NCHRP Synthesis Report, 423, 2012

23)　TEREX BID-WELL, [Bridge and Flatwork Paver], < https://www.terex.com/bid-well/en/products/bridge-pavers>，（最終アクセス 2020 年 4 月 1 日）

24)　Allen, [TRUSS SCREEDS], < https://www.alleneng.com/concrete-equipment/placing/truss-screed>，（最終アクセス 2020 年 4 月 1 日）

25)　GOMACO, <https://www.gomaco.com/>，（最終アクセス 2020 年 4 月 16 日）

26）　WisDOT, Bridge Manual, Chapter 40 – Bridge Rehabilitation, Jan.2020 < https://wisconsindot.gov/dtsdManuals/strct/manuals/bridge/ch40.pdf >，（最終アクセス 2020 年 4 月 16 日）

27)　大田孝二，谷倉　泉，橘　吉宏，塩永亮介，大久保藤和，梶尾　聡 : 米国における鋼道路橋床版損傷への取組み（その 1），橋梁と基礎（2015.7）

28)　大田孝二，谷倉　泉，橘　吉宏，塩永亮介，大久保藤和，梶尾　聡 : 米国における鋼道路橋床版損傷への取組み（その 2），橋梁と基礎（2015.9）

29)　B・ヤネフ著，藤野陽三ほか訳 : 橋梁マネジメント－技術・経済・政策・現場の統合－，技報堂出版（2009.9）

第 3 章　韓　国　編

3.1　橋面舗装の現状

　韓国道路公社の「高速道路の橋梁形式別の LCC 分析研究（2003.12）」に橋面舗装の維持管理に関する再舗装の周期が研究されている [1]．一般的に橋面の再舗装は 10 年周期と知られているが，**図-3.1.1** のように工法別の再舗装時期は差が大きい．縦軸は再舗装が発生する確率を累積確立で示したものである．LCC の分析方法中，確定的な接近方法によると，50％の値でデータの類推ができる．供用後の再舗装は，全ての舗装に対して 7 年（発生確率 50％）であるが，LMC（Latex Modified Concrete）舗装は最も長く 23 年と分析された．

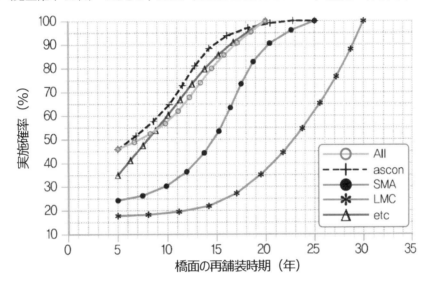

図-3.1.1　橋面舗装の再舗装実施時期（年）[1]

　一方，**図-3.1.2** は，舗装形式別の補修実施時期を示す．橋面舗装の舗装工法別の最初の補修時期を示すが，確率的に供用後の何年後に最初の補修が行われるかが分かる．発生確率 50％を基準に，最初の補修時期は 4 年と分析されたが，LMC 舗装は最も長く 9 年と分析されている．

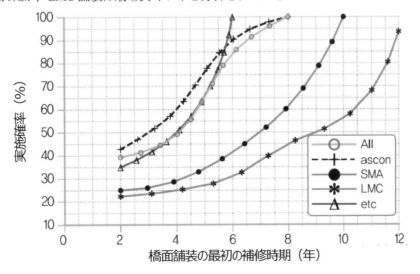

図-3.1.2　橋面舗装の最初の補修実施時期（年）[1]

3.2　橋面舗装に関する基準・規格類

　2011 年 9 月には，国土交通部（≒国土交通省）から「橋面舗装設計及び施工指針（案）」が刊行された．I 部には「アスファルトコンクリート橋面舗装システムの設計及び施工」，II 部には「セメントコンクリート橋面舗装の設計及び施工」で構成されている[2]．

　セメントコンクリート橋面舗装は，一般的なコンクリート舗装の延長線上で扱われており，既設コンクリート床版のオーバーレイとして施工する場合は，II 部の第 5 章に「既設橋梁のセメントコンクリート橋面舗装の施工」で論じている．

　その後，2015 年刊行の国土交通部の「道路工事標準示方書」では，「第 10 章 セメントコンクリート舗装工事」の中に，「10-3 セメントコンクリート橋面舗装」が設けられた[3]．

　材料の品質基準として，コンクリート混和用のラテックスの品質基準が示されており，表-3.2.1 に示す．一方，橋面舗装用コンクリートの配合は，要求される施工性，力学的性能，耐久性およびその他の性能を満足する範囲内で，単位水量ができるだけ少なくなるように決める．その性能を担保するために，表-3.2.2 に示すように，橋面舗装用のセメントコンクリートの配合基準が決められており，水結合材比は原則的に 40% 以下になっている．

　また，橋面舗装用コンクリートは耐久性能の品質基準を設けており，耐久性能の品質結果は材料選定の際に提出することになっている．表-3.2.3 に品質基準を示す．

表-3.2.1　コンクリート混和用のラテックスの品質基準[3]

区分	試験方法	基準
固形分含有量（%）	KS M 6516	46〜53
pH	KS M 6516	8.5〜12.0
凝固量（%）	KS M 6516	0.1以下
表面張力（dyn/cm）	KS M 6516	50以下（最初承認値の±5）
0.075mmふるい残留量（g/ℓ）	KS M 6516	0.5以下
平均粒径（Å）	KS A ISO 13320-1	1,400〜2,500（最初承認値の±300）
凍結融解安定性	KS M 6403	凝固量：0.1%以下
ブタジエン含有量（%）	FHWA-RD-78-35	30〜40

表-3. 2. 2 橋面舗装用コンクリートの配合基準[3]

項目	試験方法	単位	基準
設計基準強度（f_{28}）	KS F 2405	MPa	既設床版の強度以上
設計基準接着強度（f_{28}）	KS F 2762	MPa	1.4以上
水/結合材比		%	40以下
粗骨材の最大寸法		mm	25以下
空気量	KS F 2409	%	6.0±1.5%

表-3. 2. 3 橋面舗装用コンクリートの耐久性能品質基準[3]

耐久性能	実験方法	耐久性能等級
ひび割れ抵抗性	ASTM C 1581	材齢56日までひび割れなし
凍結融解抵抗性（相対動弾性係数）	KS F 2456 A法（300サイクル）	80%以上
表面剥離抵抗性	SS 13 72 44 A法 ASTM C 272	適正（Acceptable）等級以上 Rating 1 等級以上
塩素イオン浸透抵抗性	KS F 2711（材齢56日）	1,000C（coulombs）以下

3.3 橋梁床版上におけるコンクリート舗装の種類

橋梁床版上におけるコンクリート舗装は，大きく分けると新設舗装用と維持補修用の2種類の工法がある．新設舗装用のコンクリート舗装は HPC（High Performance Concrete）と LMC（Latex Modified Concrete）があり，維持補修用のコンクリート舗装は，VES-LMC（Very Early Strength-Latex Modified Concrete）がある．HPC は，ポルトランドセメントにシリカヒュームを代表とする無機系混和材や親水性 PVA 繊維等を用いて，強度，耐久性の向上，物質透過性の向上を図ったものである．現場プラントで製造し，相対的に材料費は安いが，速硬性はなく，養生期間が長いことから新設舗装に向いている．LMC は，ポルトランドセメントコンクリートにラテックス改質を行ったものである．モバイルミキサによる製造を行うので，生産費用は増加する．VES-LMC は，超速硬のコンクリートにラテックス改質を行ったものである．早期強度の発現で交通規制時間の短縮，物質浸透抵抗性の高さから，コンクリート床版の劣化部位を除去後打設し，床版全体の耐久性の向上が図られるが，超速硬セメントおよびラテックスの使用，モバイルミキサによる製造で費用は最も高くなる．

表-3. 3. 1 にそれぞれの特徴やメリット，デメリットを示す．

表-3.3.1　橋梁床版上におけるコンクリート舗装の種類

	HPC橋面舗装	LMC橋面舗装	VES-LMC橋面舗装
主成分	・一般コンクリート（1種セメント） ・シリカフューム（無機系混和材） ・親水性PVA繊維	・一般コンクリート（1種セメント） ・ラテックス（SBR）	・アーウィン系超速硬コンクリート ・ラテックス（SBR）
材料特性	・セメント粒子間の空隙充填による緻密性の増大 　→　強度増進及び透水性減少 ・親水性繊維混入し、乾燥収縮ひび割れ抵抗性の増大	・セメント粒子周囲のフィルム膜形成 　→　水密性及び防水効果の増進 ・ラテックスの粘性による材料分離抵抗性の向上	・高粉末度のセメント適用で初期の高い強度発現 ・セメント粒子周囲のフィルム膜形成 　→　水密性及び防水効果の増進 ・ラテックスの粘性による材料分離抵抗性の向上
強度及び耐久性	・シリカフュームの適用による強度及び耐久性の向上 ・凍結融解、付着性能優秀 ・プラスチック収縮ひび割れ、摩耗、塩素イオン透過抵抗性に優れる ・高圧ウォータージェット使用による付着強度の増加	・強度、凍結融解、付着性能に優れる ・プラスチック収縮ひび割れ、摩耗、塩素イオン透過抵抗性に優れる	・早期圧縮および曲げ強度の発現で交通規制時間短縮 ・塩素イオン透過性、表面剥離抵抗性に優れる ・コンクリート床版の劣化部位を除去後打設するため、橋梁構造物全体の耐久性の向上
施工性	・現場バッチャープラント使用による生産効率の増大 ・一般コンクリート水準の品質管理 ・施工効率増大による工期短縮効果	・モバイルミキサ製造による施工効率の低下 ・ラテックス使用で施工管理が敏感 ・一日施工量の制限による工期の増大	・モバイルミキサ製造による施工効率の低下 ・施工管理が敏感 ・超速硬セメント使用で十分な可使時間の確保が困難 ・一日施工量の制限による工期の増大
経済性	・低価の無機系混和材の使用で、材料費はLMCの約30％水準 ・現場バッチャープラント生産で費用が安い	・ラテックス費用が高く、材料費が高価 ・モバイルミキサ使用で生産費用増加	・ラテックス及びセメント費用が高く、材料費が高価 ・モバイルミキサ使用で生産費用増加
適用範囲	・コンクリート床版	・コンクリート床版	・コンクリート床版
特徴整理	・材料：1種コンクリート＋無機系混和材料 ・表面処理：高圧ウォータージェット ・製造方式：B/P及び生コン工場 ・養生期間：14日以上	・材料：1種コンクリート＋ラテックス ・表面処理：ショットブラスト＋切削機 ・製造方式：モバイルミキサ ・養生期間：14日以上	・材料：超速硬コンクリート＋ラテックス ・表面処理：破砕用ウォータージェット ・製造方式：モバイルミキサ ・養生期間：3〜4時間

※　1種セメント：普通ポルトランドセメント，1種コンクリート：1種セメントを用いたコンクリート

3.4　橋梁床版上におけるコンクリート舗装の施工事例

　韓国における VES-LMC を用いた橋面舗装の施工事例を**写真-3.4.1〜3.4.4**に示す．2013 年の施工写真であり，橋長 823m，幅 15m の片側 2 車線の国道の橋梁である．施工面積は 12,338 ㎡，VES-LMC の打設量は 987 ㎥である．モバイルミキサを用いたコンクリートの製造を行っており，**写真-3.4.1**に示すように，新旧コンクリートの付着力の増進のために，ブルーミング (Blooming) 作業を行っている．ブルーミング作業は，ラテックスモルタルを既設床版に擦り付け，馴染みをよくする作業である．均しは Deck Finisher を用いた機械化施工を行い，仕上げは幅 20〜30mm，深さ 3〜6mm の縦方向タイニングで行っている．コンクリートの打設から仕上げまでの時間は約 10 分を目標としている．（写真提供：郭 度連）

写真-3.4.1　モバイルミキサによる舗設

写真-3.4.2　Deck Finisher による施工①

写真-3.4.3　Deck Finisher による施工②

写真-3.4.4　タイニングおよび湿潤養生

　韓国では 1999 年ごろから LMC を用いた橋面舗装の社会実装を検討しており，2000 年には試験施工を実施した．2001 年からは本格的に施工を実施しており，最大手 1 社の統計ではあるが，2011 年までの約 10 年間に 1,193 橋，4,551,576 ㎡の実績が報告されている．

　また，最も有名な施工事例としては，**写真-3.4.5～3.4.6** に示す仁川大橋の LMC 橋面舗装が挙げられる．仁川大橋は仁川国際空港と仁川市をつなぐ海上橋梁として，2009 年に竣工されており，全体約 21 km の中の斜張橋区間を除いた約 20 km が LMC 橋面舗装で行われている．

写真-3.4.5　仁川大橋の LMC 施工

写真-3.4.6　仁川大橋の全景

【第3章　参考文献】

1)　韓国道路公社：高速道路の橋梁形式別の生涯周期費用（LCC）分析研究，2003.12

2)　韓国国土海洋部：橋面舗装設計及び施工暫定指針，2011.9

3)　韓国国土交通部：道路工事標準示方書，第 10 章セメントコンクリート舗装工事，pp.10-1－10-59，2015

資料編2
橋面コンクリート舗装の共通試験

第 1 章　概　要

1.1　共通試験の概要

　橋面コンクリート舗装は，アスファルト舗装と比較し，道路橋床版の耐荷性・疲労耐久性の向上による長寿命化が見込まれ，それ自身の耐久性も高く修繕の頻度も少なくなることからライフサイクルコストの観点でも有利となることが期待されている．また，この技術は，従来の床版防水層やアスファルト舗装を設置しないため，水や塩分の侵入を抑制する物質浸透抵抗性や路面として供用できる走行性能を確保することが必要であり，既設床版と一体となるように施工することが前提となる．しかしながら，日本における橋面コンクリート舗装技術は確立されておらず，わが国では検討段階にあるのが実情である．そこで，土木学会鋼構造委員会「道路橋床版の点検診断の高度化と長寿命化技術に関する小委員会」では，特に地方部の中小橋梁への適用を想定し，橋面コンクリート舗装技術を確認するための共通試験を実施した．

　共通試験を実施したコンクリートは，橋面コンクリート舗装に適合すると考えられる材料を公募し，計 5 材料を選定した．なお，コンクリートの製造および施工は公募に参加した各社が行うこととし，各技術の評価については，施工性を確認するとともに，走行性能および床版を模擬したコンクリートとの一体性を評価することとした．

1.2　模擬床版の構築

　共通試験は, (一社)日本建設機械施工協会施工技術総合研究所の構内において, **図-1.2.1** に示す施工フィールドを構築して実施した．橋面コンクリート舗装の下地となる模擬床版は，一般的なコンクリート床版に使用される配合条件（呼び強度：24N/mm², スランプ：8cm, 粗骨材の最大骨材寸法：25cm）とし，養生期間を短縮するために早強ポルトランドセメントを用いた無筋コンクリート版とした．施工状況を**写真-1.2.1**に, 品質管理試験結果を**表-1.2.1**に示す．なお，各材料の施工面積は，1 材料あたり 15m²（3m×5m）程度とした．

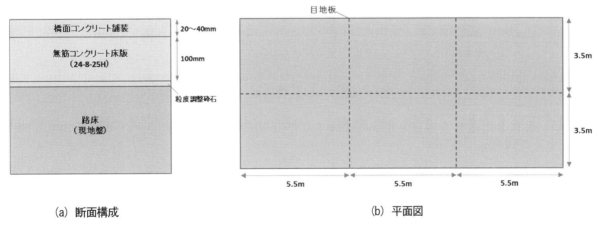

(a) 断面構成　　　　　　　　　　　　　　　　(b) 平面図

図-1.2.1　施工フィールドの概要

（a）施工前の外観

（b）コンクリートの打込み（接写）

（c）コンクリートの打込み（全景）

（d）施工後の外観

写真-1.2.1　模擬床版の施工状況

表-1.2.1　模擬床版の品質管理試験結果

項目		試験結果	管理基準	試験方法
フレッシュ性状	コンクリート温度	27℃	-	温度計
	スランプ	7.5cm	8cm±2,5cm	JIS A 1101
	空気量	3.5%	4.5%±1.5%	JIS A 1128
圧縮強度	材齢 7 日	35.5N/mm²	24N/mm² 以上	JIS A 1108
静弾性係数	材齢 7 日	27.7kN/mm²	-	JIS A 1149

※施工時の外気温 32℃

1.3　公募材料一覧

　公募により選定した橋面コンクリート舗装技術の一覧を表-1.3.1 に示す．選定されたコンクリートは，セメント系が 4 材料，レジン系が 1 材料となる．

表-1.3.1　橋面コンクリート舗装技術の一覧

	最小施工厚(mm)	打設面の処理※1	表面処理	24N/mm²発現時間	圧縮強度※3(N/mm²)	スランプ(cm)	備考
早強型低収縮性繊維補強コンクリート(セメント系)	40	SSB処理*2＋エポキシ系接着材	ホウキ目仕上げ	24時間	24N/mm²以上	10±2.5	低収縮性と早強性を有する特殊セメントと有機繊維を配合した繊維補強コンクリート
超速硬型高靭性繊維補強コンクリート(セメント系)	30	SSB処理＋エポキシ系接着材	ホウキ目仕上げ	3時間	60N/mm²程度	12±2.5	有機繊維を配合した超速硬型繊維補強コンクリート
速硬型ラテックス改質コンクリート(セメント系)	40	SSB処理＋浸透性エポキシ接着材＋エポキシ系接着材	ホウキ目仕上げ	6時間	70N/mm²程度	16～22	速硬コンクリートとSBR系ラテックスを組み合わせた速硬型のLMC
ポリエステルポリマーコンクリート(レジン系)	40	SSB処理＋ビニルエステル系プライマー	硬質骨材散布仕上げ	6時間	50N/mm²以上	12±2.5	ポリエステルポリマーを細骨材・粗骨材と混合したコンクリート
超緻密高強度繊維補強コンクリート(セメント系)	20	WJ処理＋水湿し	すべり止め舗装仕上げ(翌日施工)	2時間	130N/mm²以上	11～30*4	超緻密，高強度，高靭性，高耐久性を有するセメント系複合材料

※1　SSB処理：スチールショットブラスト処理，WJ処理：ウォータージェット処理
※2　あるいは研削機等によるレイタンス除去
※3　材齢28日における圧縮強度
※4　フロー値

1.4　橋面コンクリート舗装施工前の下地処理

　橋面コンクリート舗装技術の既設床版への適用を想定し，模擬床版の下地処理を実施した．下地処理は，適用条件が近い上面増厚工法の施工で一般的な下地処理を施すものとし，スチールショットブラスト（投射密度：150kg/m²）を実施した．CTメーターで計測した処理後のきめ深さは0.6mm程度であった．なお，材料特性によりスチールショットブラストとは異なる下地処理が必要となる場合においては，施工時に追加で実施することとした．

（a）スチールショットブラストによる処理　　　　　（b）処理後の外観

写真-1.2.2　橋面コンクリート舗装施工前の下地処理状況

第 2 章　各材料の試験施工

2.1 早強型低収縮性繊維補強コンクリート

2.1.1　材料・工法の概要

　早強型低収縮性繊維補強コンクリートは，早強性と低収縮性を付与した特殊セメントを配合した特殊コンクリートである．コンクリートの設計基準強度は，標準期において材齢 24 時間で達成する．**表-2.1.1** に材料・工法の概要を示す．

表-2.1.1　材料・工法の概要

材料		早強型低収縮性繊維補強コンクリート
コンクリートの種類		セメントコンクリート
要求性能	耐荷性・疲労耐久性	一般的なコンクリートと比較して，材料強度が高く，耐荷性が向上．輪荷重走行試験により疲労耐久性向上効果を確認（資料編 5 参照）．
	物質浸透抵抗性	水，CO_2 等の浸透抵抗性優れる（**図-2.1.5**，**図-2.1.6** 参照）．接着材の全面塗布により既設床版への劣化因子の浸透を抑制．繊維混入によるひび割れの発生を抑制（**図-2.1.1** 参照）．
	走行性能	ほうき目仕上げ等の適切な粗面仕上げによりすべり抵抗性を確保．材齢 28 日強度が高く，すり減り抵抗性に優れる．簡易フィニッシャ等により適切な平坦性を確保．
	既設床版との一体性	エポキシ系接着材の使用による
標準仕様	下地処理	ショットブラストあるいは研削機等によるレイタンス除去
	接着材	高耐久型土木用接着材(エポキシ樹脂系：全面塗布)
	舗装材	早強型低収縮性繊維補強コンクリート
	路面仕上げ	フロート抑え→刷毛引き
最小施工厚		40mm（Gmax13mm）
コンクリートの養生時間		材齢 24 時間（24N/mm² 以上，**図-2.1.3** 参照）

　図-2.1.1 には，環境温度 20℃における乾燥収縮ひずみの測定結果の一例を示す．なお，試験は，JIS A 1129-2 に準拠した．一般的な早強コンクリートの試験結果に比較して，長さ変化が抑制されていることがわかる．次に，JIS A 1148 の B 法に準拠して実施した凍結融解試験例を**図-2.1.2** に示す．凍結融解 300 サイクル後も相対動弾性係数の低下はみられず，優れた凍結融解抵抗性を有している．**図-2.1.3**，**図-2.1.4** には，JIS A 1108 に準拠して測定した各材齢の圧縮強度を示す．材齢 24 時間で 24N/mm² 以上の強度発現が可能である．また，JIS A 1153 に準じて，材齢 1 日より促進中性化を行った結果を**図-2.1.5** に示す．これより，促進養生 6 ヶ月後の中性化深さは 0mm であり，優れた中性化抵抗性を有することが分かる．**図-2.1.6** には，JIS A 6909 に準じ，口径 75mm の漏斗による透水量を測定した透水試験結果の一例を示す．透水量は 168 時間（材齢 7 日）経過後，1mL 程度と少ない結果にあり，腐食因子である水などの浸透に対して高い抵抗性を有している．

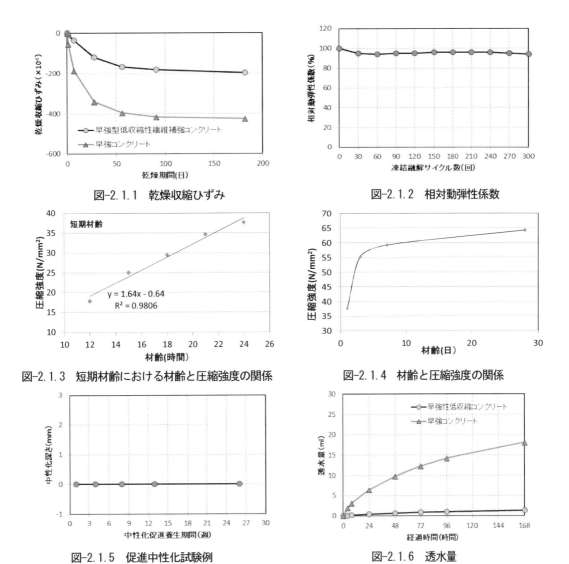

図-2.1.1　乾燥収縮ひずみ

図-2.1.2　相対動弾性係数

図-2.1.3　短期材齢における材齢と圧縮強度の関係

図-2.1.4　材齢と圧縮強度の関係

図-2.1.5　促進中性化試験例

図-2.1.6　透水量

2.1.2　施工フロー

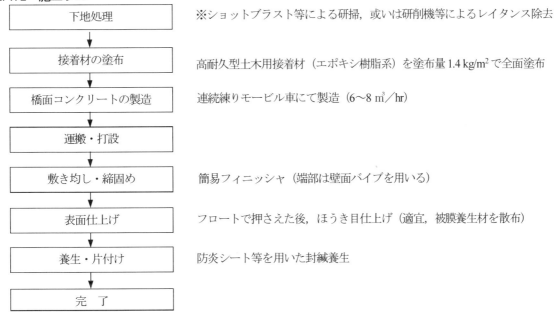

下地処理　　　　　※ショットブラスト等による研掃，或いは研削機等によるレイタンス除去

接着材の塗布　　　高耐久型土木用接着材（エポキシ樹脂系）を塗布量 1.4 kg/m² で全面塗布

橋面コンクリートの製造　　連続練りモービル車にて製造（6～8 m³／hr）

運搬・打設

敷き均し・締固め　　簡易フィニッシャ（端部は壁面バイブを用いる）

表面仕上げ　　　　フロートで押さえた後，ほうき目仕上げ（適宜，被膜養生材を散布）

養生・片付け　　　防炎シート等を用いた封緘養生

完　了

図-2.1.7　施工フロー

2.1.3 使用材料

(1)コンクリート

　使用材料を**表-2.1.2**に，配合を**表-2.1.3**に，物性例を**表-2.1.4**に示す．

表-2.1.2　使用材料

材料	仕様等	製造
セメント	早強型低収縮性セメント(プレミクス品), ρ=3.13	住友大阪セメント(株)製
混練水	水道水	
繊維	PVA 繊維, ρ=1.3	(株)クラレ製
細骨材	川砂, ρ=2.58, FM=2.53	鬼怒川右岸産
粗骨材	石灰岩砕石, ρ=2.71, FM=6.28, Gmax=13mm	栃木県佐野市産
減水剤	高性能減水剤	花王 (株) 製
ＡＥ剤	AE剤	花王 (株) 製

表-2.1.3　配合

スランプ (cm)	W/C (%)	s/a (%)	単位量(kg/m³)				
			セメント	水	細骨材	粗骨材	繊維
10±2.5	42.0	45.8	393	165	779	958	13

※減水剤，AE剤は適宜調整.

表-2.1.4　物性例

単位容積質量 (kg/L)	材齢 24 時間 圧縮強度 (N/mm²)	材齢 28 日 圧縮強度 (N/mm²)	材齢 28 日 静弾性係数 (kN/mm²)	長さ変化率 (%)	材齢 28 日 曲げ強度 (N/mm²)
2.34	33.7	67.1	36.3	0.0197	7.62

※環境温度20℃，繊維混入率1.0vol％

(2) 接着材

　既設床版コンクリートとの一体性の確保を目的に，2 液型エポキシ樹脂系打継ぎ用接着材を使用した．接着材の使用量等を**表-2.1.5**に示す．

表-2.1.5　接着材の使用量等

品名・荷姿	標準配合	標準使用量
主　剤：10kg/缶 硬化剤：2kg/缶	主剤：硬化剤 ＝5：1（質量比）	1.4kg/m²

(3) 防炎シート

　打込み直後のコンクリート表層の急激な乾燥を防ぐため，防炎シートを使用して封緘養生とした．

2.1.4　使用機械

コンクリートの製造は，連続練りモービル車にて現場で行った．**写真-2.1.1**に，モービル車の外観を示す．

写真-2.1.1　モービル車の外観

2.1.5　施工結果

（1）接着材の塗布

下地処理終了後に接着材を塗布した．接着材の塗布量は1.4kg/m²とした．**写真-2.1.2**に，接着材の塗布状況を示す．

写真-2.1.2　接着材の塗布状況

（2）コンクリートの製造

材料温度を測定し硬化時間調整剤の使用量を決定した後，モービル車にてコンクリートの製造を行った．**写真-2.1.3**に，コンクリートの製造状況を示す．

写真-2.1.3　コンクリートの製造状況

(3) 運搬・打込み

排出したコンクリートを手押し車に落として運搬し，速やかにコンクリートの打込みを開始した．

(4) 敷均し・締固め

コンクリートの敷均し及び締固めは簡易フィニッシャを用いて人力で行い，端部は壁面バイブレータを用いて締め固めた．**写真-2.1.4** に，コンクリートの敷均し・締固めの状況を示す．

写真-2.1.4　コンクリートの敷均し・締固めの状況

(5) 表面仕上げ

表面をフロートで抑えた後，刷毛で引いてほうき目仕上げし，粗面を形成，その後防炎シートを用いて封緘養生した．**写真-2.1.5** に，表面仕上げおよび養生の作業状況を示す．

写真-2.1.5　表面仕上げ及び養生の状況

2.1.6 作業時間

表-2.1.6 に，施工時の作業時間を示す．接着材の塗布から打込み完了まで約 1 時間で完了した．

表-2.1.6　作業時間

日付	時刻	作業内容
7月24日	13：20	接着材塗布開始
	13：25	コンクリート製造開始
	13：30	フレッシュ時の試験
	13：35	コンクリート打設開始
	14：45	打設終了
	16：00	シート養生開始
8月1日	14：00	24時間後圧縮強度試験

2.1.7　品質管理試験

品質管理としては，コンクリートの練上り温度，スランプ，空気量，圧縮強度，静弾性係数について試験を実施した．**表-2.1.7**に品質管理試験結果を示す．

表-2.1.7　品質管理試験結果

項目		試験結果	管理基準	試験方法
フレッシュ性状	練上り温度	38.0℃	-	温度計
	スランプ	8.6 cm	10±2.5 cm	JIS A 1101
	空気量	3.8%	4.5±1.5 %	JIS A 1128
圧縮強度	材齢24時間	36.8 N/mm^2	24N/mm^{2}以上	JIS A 1108
	材齢28日	62.7 N/mm^2	-	
静弾性係数	材齢28日	35.2 kN/mm^2	-	JIS A 1149

※施工時の外気温 34.0℃

2.2 超速硬型高靱性繊維補強コンクリート

2.2.1 材料・工法の概要

　超速硬型高靱性繊維補強コンクリートは，曲げたわみ硬化特性（DFRCC）を有する繊維補強コンクリートで，3 時間で 24N/mm² 以上の圧縮強度を発現する早期開放性や，乾燥収縮が小さく既設 RC 床版との良好な一体化性などを特長とする．超速硬型高靱性繊維補強コンクリートの材料・工法の概要を**表-2.2.1** に示す．

表-2.2.1　材料・工法の概要

材料		超速硬型高靱性繊維補強コンクリート（株式会社トクヤマエムテック）
コンクリートの種類		セメントコンクリート
要求性能	耐荷性・疲労耐久性	一般的なコンクリートと比較して，材料強度が高い（**図-2.2.4** 参照）．上面増厚としての適用事例はあるが，輪荷重試験は未実施
	物質浸透抵抗性	繊維補強の効果によりひび割れの発生を抑制（**図-2.2.1** および**図-2.2.2** 参照）．接着材の全面塗布により既設床版への劣化因子の侵入を抑制．接着材については，道路橋床版防水便覧に示す防水性試験 II において，水の浸透を止めることを確認している．
	走行性能	ほうき目仕上げ等により適切な粗面仕上げを実施し，すべり抵抗性を確保．材料強度が高く，補強繊維によるすり減り抵抗性が期待できる（**図-2.2.4** 参照）．簡易フィニッシャ等により適切な平たん性を確保．
	既設床版との一体性	既設床版を SB 処理後，接着材を全面塗布して，床版との一体性を確保
標準仕様	下地処理	スチールショットブラストを推奨
	接着材	エポキシ樹脂系接着材（全面塗布）
	舗装材	超速硬型高靱性繊維補強コンクリート
	路面仕上げ	被膜養生剤散布後，ほうき目仕上げ
最小施工厚		30mm（Gmax 13mm）
コンクリートの養生時間		材齢 3 時間（24N/mm² 以上　**図-2.2.4** 参照）

　図-2.2.1 には，JSCE-G552 に準拠した曲げ荷重-たわみ曲線の一例を示す．たわみ硬化特性が確認でき，高じん性繊維補強セメント複合材料（DFRCC）に属する材料と判断できる．**図-2.2.2** には，JIS A 1129-2 に準拠した長さ変化率の一例を示し，材齢 3 ヶ月時点で 0.022％程度である．**図-2.2.3** には，JIS A 1148（A 法）に準拠した凍結融解試験の一例を示す．凍結融解 1,000 サイクル後においても相対動弾性係数の低下は見られず，優れた凍結融解抵抗性を示す．**図-2.2.4** には，JIS A 1108 に準拠した圧縮強度発現性を示すが，材齢 3 時間で 24N/mm² 以上の圧縮強度を発現すると共に，材齢 28 日において 60N/mm² 程度に達する．

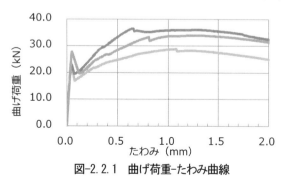

図-2.2.1　曲げ荷重-たわみ曲線

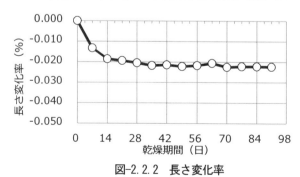

図-2.2.2　長さ変化率

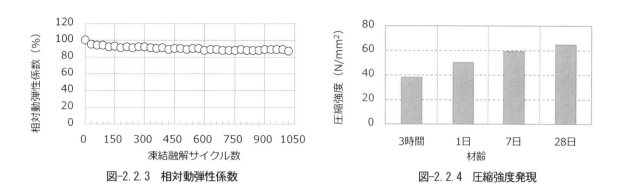

図-2.2.3　相対動弾性係数　　　　　　　　　　図-2.2.4　圧縮強度発現

2.2.2 施工フロー

超速硬型高靱性繊維補強コンクリートの施工フローを**図-2.2.5**に示す.

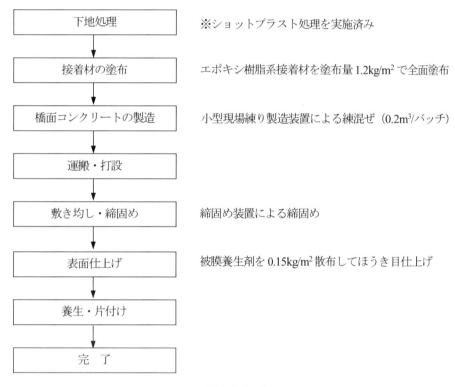

図 2.2.5　施工フロー

2.2.3 使用材料

（1）コンクリート

超速硬型高靱性繊維補強コンクリートは，プレミックスモルタルの A 材，粗骨材の B 材，ポリプロピレン繊維で構成されている．コンクリートの組成を**表-2.2.2**に，配合を**表-2.2.3**に，代表物性を**表-2.2.4**に示す.

表-2. 2. 2　コンクリートの組成

材料構成		組　成
超速硬型高靱性 繊維補強コンクリート	A 材	モルタル（超速硬セメント，混和材，粉末減水剤，硅砂）
	B 材	粗骨材（石灰石骨材（最大寸法：13mm））
	繊維	ポリプロピレン繊維（繊維長：24mm）

表-2. 2. 3　コンクリートの標準配合

W/B （%）	繊維混入率 （vol%）	配合（kg/m³）			
		A 材（モルタル）	B 材（粗骨材）	PP 繊維	水
35.9	2.5	1,430	759	22.7	189

表-2. 2. 4　コンクリートの代表物性

単位容積質量 （kg/L）	材齢 28 日 圧縮強度 （N/mm²）	材齢 28 日 静弾性係数 （kN/mm²）	長さ変化率 （%）	材齢 28 日 曲げ強度 （N/mm²）	材齢 28 日 曲げ靱性係数 （N/mm²）
2.29	64.7	36.2	0.021	9.2	8.1

（2）接着材

　既設床版コンクリートとの一体性の確保を目的に，エポキシ樹脂系接着材を使用した．接着材の使用量等を**表-2. 2. 5**に示す．

表-2. 2. 5　接着材の使用量等

荷姿	標準配合	標準使用量	施工可能面積	工程間隔
主　剤：10kg/缶 硬化剤：2kg/缶	主剤：硬化剤 ＝5：1（質量比）	1.2kg/m²	10m²/セット	5 分～

（3）被膜養生剤

　打設直後のコンクリート表層の急激な乾燥を防ぐため，エチレン酢酸ビニルを主成分とする被膜養生剤を使用した．被膜養生剤の使用量等を**表-2. 2. 6**に示す．

表-2. 2. 6　被膜養生剤の使用量等

荷　姿	標準配合	標準使用量	施工可能面積
4kg/ポリ缶	3 倍水希釈 原液：清水＝1：2（質量比）	0.15kg/m²	120m²/ポリ缶

2.2.4　使用機械

（1）コンクリートの製造

　橋面コンクリートの製造には，材料ホッパ，搬送装置，計量ミキサーを車載した小型現場練り製造装置（0.25m³／バッチ）を使用した．コンクリート製造装置の外観を**写真-2. 2. 1**に示す．

写真-2.2.1　コンクリート製造装置

（2）締固め

　コンクリートの締固めには，振動式締固め装置を使用した．振動式締固め装置の特性を**表-2.2.7**に，その外観を**写真-2.2.2**に示す．

表-2.2.7　振動式締固め装置の特性

総重量	寸法	振動率	排気量
9.5kg	30×200cm	59Hz	25cc

写真-2.2.2　振動式締固め装置

2.2.5 施工結果

（1）接着材の塗布

　塗布量および施工対象面積（5.5m×3.5m）を考慮して，所定量の主剤，硬化剤を混合用容器に計量し，電動ミキサーで均一になるよう混合した．その後，ウールローラーで施工面に全面塗布した．なお，施工時の外気温から工程間隔限度を40分と設定し，塗布は半面ずつ2回に分けて行った．接着材の塗布状況を**写真-2.2.3**に示す．

a）混合状況　　　　　　　　　　　　　　b）塗布状況

写真-2.2.3　接着材の塗布状況

（2）コンクリートの製造

　コンクリートの製造に先立ち，施工当日の環境を考慮して遅延剤の添加量を決定し，あらかじめ用意しておいた練混ぜ水に溶解させて，製造装置の練混ぜ水用タンクに充填した．その後，プレミックスモルタル（A 材）をセメント用サイロに，粗骨材（B 材）を粗骨材用サイロにそれぞれ充填し，橋面コンクリートの製造を開始した．

　製造手順としては，粗骨材，プレミックスモルタルの順で計量ミキサーに投入して空練りを 30 秒行った後，遅延剤を溶解させた練混ぜ水を計量・投入して 60 秒練混ぜた．その後，計量ミキサーに手作業でポリプロピレン繊維を投入後，さらに 45 秒練混ぜを行い排出した．コンクリートの計量値を**表-2.2.8**に，製造状況を**写真-2.2.4**に示す．

表-2.2.8　コンクリートの計量値

W/B	繊維混入率	計量値（kg/バッチ）					練上り量
%	vol%	A材	B材	水	遅延剤	繊維	
35.9	2.5	300	159	40	1.12	4.8	約210L

a）繊維投入状況　　　　　　　　　　　　b）排出状況

写真-2.2.4　コンクリートの製造状況

（3）運搬・打設

　排出したコンクリートを手押し車に落として運搬し，速やかに打設を開始した．

(4) 敷き均し・締固め

　打設したコンクリートを人力で敷き均し，振動式締固め装置で締固めを行った．敷き均しおよび締固め状況を**写真-2.2.5**に示す．

a）敷き均し状況

b）締固め状況

写真-2.2.5　敷き均しおよび締固め状況

(5) 表面仕上げ

　締固め時に，適宜，被膜養生剤を散布してコンクリート表面を押さえた後，刷毛で引いてほうき目仕上げを行った．表面仕上げ状況を**写真-2.2.6**に示す．なお，施工当日はコンクリート表面の乾燥が著しく，被膜養生剤の塗布量を計画の 0.15kg/m^2 から 0.45kg/m^2 に変更した．

a）養生剤散布

b）刷毛引き状況

写真-2.2.6　表面仕上げ状況

2.2.6 作業時間

　施工時の作業時間を**表-2.2.9**に示す．接着材の塗布からほうき目仕上げ終了まで約1時間で完了した．

表-2.2.9　作業時間

日付	時刻	作業内容
8月3日	10：00	機材を設置して製造装置のサイロに材料（A材，B材）投入 練混ぜ水に遅延剤（1.1kg/バッチ）を溶解させタンクに充填
	11：20	接着材塗布（半面），舗装材練混ぜ開始（0.2m³/バッチ）
	11：25	舗装材排出，品質管理試験（フレッシュ性状）実施
	11：30	打設開始
	11：35	敷き均し及び締固め開始
	11：40	接着材塗布（半面）
	11：50	共通試験用供試体作製
	12：10	練混ぜ終了，総練混ぜ量 0.7m³
	12：15	締固め終了，ほうき目仕上げ終了

2.2.7 品質管理試験

　品質管理としては，スランプ，空気量，材齢3時間圧縮強度を実施した．品質管理試験の結果を**表-2.2.10**に示す．

表-2.2.10　品質管理試験結果

項目		試験結果	管理基準	試験方法
フレッシュ性状	練上り温度	37.0℃	-	温度計
	スランプ	16.0 cm	12.0±2.5 cm	JIS A 1101
	空気量	2.4 %	2.5±1.5 %	JIS A 1128
圧縮強度	材齢 3 時間	21.0 N/mm²	24 N/mm² 以上	JIS A 1108
	材齢 28 日	71.9 N/mm²	-	
静弾性係数	材齢 28 日	39.9 kN/mm²	-	JIS A 1149

※施工時の外気温 32.4 ℃

2.3 速硬型ラテックス改質コンクリート

2.3.1 材料・工法の概要

　速硬型ラテックス改質コンクリート（以下，速硬型 LMC）は，カルシウムアルミネート系の速硬性混和材の使用により早期強度発現性を有しており，また SBR ラテックスの混和により曲げ強度や付着強度といった力学性能が向上し，塩分浸透や中性化などの物質浸透に関する抵抗性にも優れたコンクリートである．表-2.3.1 に材料・工法の概要を示す．

表-2.3.1　材料・工法の概要

材料		速硬型ラテックス改質コンクリート（太平洋マテリアル株式会社）
材料区分		ポリマーセメントコンクリート
要求性能	耐荷性・疲労耐久性	一般的なコンクリートと比較して，材料強度が高い．輪荷重走行試験により疲労耐久性向上効果を確認（資料編 5 参照）．
	物質浸透抵抗性	SBR 系ラテックスの混和により，水や塩化物イオンなどの物質浸透抵抗性に優れ（図-2.3.1 および図-2.3.2 参照），収縮も小さい（図-2.3.3 参照）．
	走行性能	ほうき目仕上げ等による適切な粗面仕上げによりすべり抵抗性を確保．材齢 28 日強度が高く，すり減り抵抗性に優れる．簡易フィニッシャ等により適切な平坦性を確保．
	既設床版との一体性	SBR ラテックスの混和により付着性に優れ，かつエポキシ樹脂接着材の使用により一体性を確保
標準仕様	下地処理	スチールショットブラスト及びプライマー塗布を推奨
	接着材	エポキシ樹脂系接着材（全面塗布）
	舗装材	速硬型ラテックス改質コンクリート
	路面仕上げ	被膜養生剤散布後，ほうき目仕上げ
最小施工厚		40mm（Gmax20mm）
コンクリートの養生時間		材齢 6 時間（24N/mm^{2}以上，図-2.3.4 参照）

　図-2.3.1 に，JSCE-G572-2007 に準拠した NaCl 溶液浸漬試験による塩化物イオンの浸透深さの例を示す．図中 PL は，一般的な普通コンクリート（W/C 51.9%）の結果である．一般的なコンクリートと比較して塩化物イオンの浸透深さが小さいことがわかる．図-2.3.2 に透水量の測定例を示す．透水試験は JIS A 6909 に準じ，口径 75mm の漏斗による透水量を測定したものである．透水量は 168 時間（材齢 7 日）経過後，1mL 程度と少ない結果にある．これらの結果から，LMC が塩化物イオンや水などの物質の浸透に対して高い抵抗性を有しているといえる．図-2.3.3 に JIS A 1129-2 に準拠して測定した乾燥収縮ひずみの一例を示すが，乾燥収縮ひずみは材齢 6 ヶ月後で 270×10^{-6} 程度である．図-2.3.4 に示す JIS A 1108 に準拠して測定した各材齢における圧縮強度の例のとおり，材齢 6 時間で 24N/mm^{2}以上を発現可能な速硬性を有している．なお，疲労耐久性については，資料編 5 に輪荷重走行試験の結果を示している．

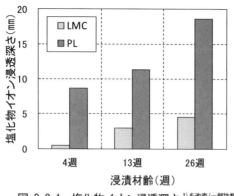

図-2.3.1　塩化物イオン浸透深さ [1) を改変（一部抜粋）して転載]

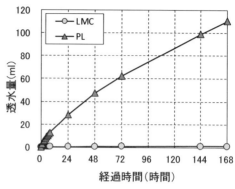

図-2.3.2　透水量 [1) を改変（一部抜粋）して転載]

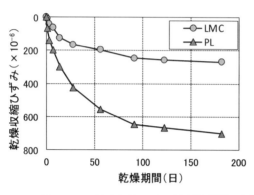

図-2.3.3　乾燥収縮ひずみ [1) を改変（一部抜粋）して転載]

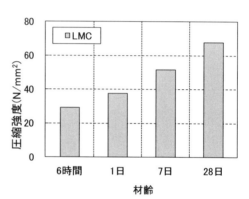

図-2.3.4　圧縮強度発現性 [1) を改変（一部抜粋）して転載]

2.3.2　施工フロー

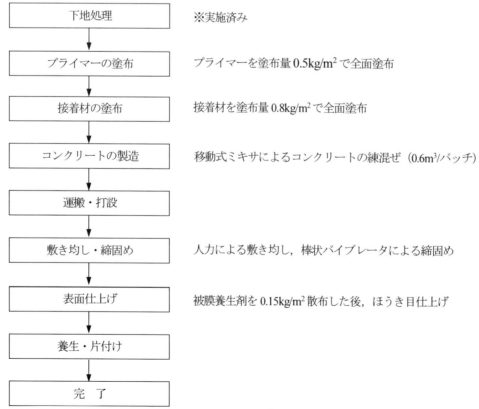

下地処理	※実施済み
プライマーの塗布	プライマーを塗布量 0.5kg/m² で全面塗布
接着材の塗布	接着材を塗布量 0.8kg/m² で全面塗布
コンクリートの製造	移動式ミキサによるコンクリートの練混ぜ（0.6m³/バッチ）
運搬・打設	
敷き均し・締固め	人力による敷き均し，棒状バイブレータによる締固め
表面仕上げ	被膜養生剤を 0.15kg/m² 散布した後，ほうき目仕上げ
養生・片付け	
完　了	

図-2.3.5　施工フロー

2.3.3 使用材料

（1）コンクリート

LMC の使用材料を**表-2.3.2**に，配合を**表-2.3.3**に，物性例を**表-2.3.4**に示す.

表-2.3.2 LMC の使用材料

材料	記号	種類
セメント	C	普通ポルトランドセメント（密度：3.16g/cm³）
速硬性混和材	F	速硬性混和材：特殊カルシウムアルミネートと特殊硫酸塩系（密度：2.93g/cm³）
水	W	水道水
細骨材	S	陸砂（表乾密度：2.57g/cm³）
粗骨材	G	砕石（表乾密度：2.65g/cm³）
硬化時間調整剤	Re	オキシカルボン酸系
ラテックス	L	SBR 系（固形分 45%）

表-2.3.3 LMC の配合

(W+L)/C (%)	(W+L)/(C+F) (%)	P/C*1 (P/(C+F)) (%)	単位量（kg/m³）					外割添加（kg/m³）	
			W	L	C	S	G	F	Re
48.4	33.6	14.3 (9.9)	63	120	378	774	934	167	9.3

※1：ポリマーセメント比を示す

表-2.3.4 LMC の物性例

単位容積質量 (kg/L)	材齢 6 時間 圧縮強度 (N/mm²)	材齢 28 日 圧縮強度 (N/mm²)	材齢 28 日 静弾性係数 (kN/mm²)	長さ変化率 (%)	材齢 28 日 曲げ強度 (N/mm²)
2.34	29.4	67.7	32.7	0.027	8.52

（2）プライマー

はつり作業等で生じる既設床版コンクリートの微細なひび割れに浸透することで，ひび割れたコンクリート面の強化を目的に，浸透性エポキシ樹脂接着材を使用した．プライマーの使用量等を**表-2.3.5**に示す.

表-2.3.5 プライマーの使用量等

荷姿	標準配合	標準使用量
主　剤：6.67kg/缶 硬化剤：3.33kg/缶	主剤：硬化剤 =2：1（質量比）	0.5kg/m²

（3）接着材

既設床版コンクリートとの一体性の確保を目的に，2 液型エポキシ樹脂系打継ぎ用接着材を使用した．接着材の使用量等を**表-2.3.6**に示す.

表-2.3.6　接着材の使用量等

品名・荷姿	標準配合	標準使用量
主　剤：7.5kg/缶　硬化剤：2.5kg/缶	主剤：硬化剤 =3：1（質量比）	1.2kg/m²

（4）被膜養生剤

打込み直後のコンクリート表層の急激な乾燥を防ぐため，パラフィンを主成分とする被膜養生剤（太平洋マテリアル（株））を使用した．**表-2.3.7**に，被膜養生剤の使用量等を示す．

表-2.3.7　被膜養生剤の使用量等

荷姿	標準使用量
18kg/缶	100〜200g/m²

2.3.4　使用機械

コンクリートの製造は，フレキシブルコンテナバッグを用いた材料貯蔵・計量方法と移動式ミキサ（公称容量 1.0m³，バッチ式強制二軸練りミキサ）を組み合わせ，現場で行った．**写真-2.3.1**に，移動式ミキサの外観を示す．

写真-2.3.1　移動式ミキサの外観

2.3.5　施工結果

（1）プライマーの塗布

塗布表面のゴミをブロワー等で除去し，水分含有率が 8%以下であることを確認した後，プライマーを塗布した．塗布量は 0.5kg/m² とした．

（2）接着材の塗布

プライマー塗布後，5 分以上養生した後に接着材を塗布した．接着材の塗布量は 0.8kg/m² とした．**写真-2.3.2**に，接着材の塗布状況を示す．

写真-2.3.2　接着材の塗布状況

(3) コンクリートの製造

　材料温度を測定し硬化時間調整剤の使用量を決定した後, コンクリートの製造を行った. **写真-2.3.3**に, コンクリートの製造状況を示す.

写真-2.3.3　コンクリートの製造状況

(4) 運搬・打込み

　排出したコンクリートを手押し車に落として運搬し, 速やかにコンクリートの打込みを開始した.

(5) 敷均し・締固め

　コンクリートの敷均しは人力で行い, 棒状バイブレータを用いて締め固めた. **写真-2.3.4**に, コンクリートの敷均し・締固めの状況を示す.

写真-2.3.4　敷均し・締固めの状況

(6) 表面仕上げ

　必要に応じて被膜養生剤を仕上げ補助剤として使用しながら鏝仕上げを行った．その後，被膜養生剤を散布した後，刷毛で引いてほうき目仕上げを行った．**写真-2.3.5**に，ほうき目仕上げの作業状況を示す．

写真-2.3.5　ほうき目仕上げの作業状況

2.3.6 作業時間

　表-2.3.8に，施工時の作業時間を示す．接着材の塗布からほうき目仕上げ終了まで約1時間で完了した．

表-2.3.8　作業時間

日付	時刻	作業内容
7月24日	9：00	プライマー塗布(打込み面の半分)．コンクリートの練混ぜ開始(1バッチ目)．
	9：06	接着材塗布(打込み面の半分)
	9：15	打込み開始．
	9：25	プライマー塗布(打込み面の半分)．
	9：30	接着材塗布(打込み面の半分)．コンクリートの練混ぜ開始(2バッチ目)．
	9：35	ほうき目仕上げ開始．
	9：50	打込み完了．
	9：55	ほうき目仕上げ完了．

2.3.7 品質管理試験

　品質管理としては，コンクリートの練上り温度，スランプ，空気量，圧縮強度，静弾性係数について試験を実施した．**表**-2.3.9に，品質管理試験結果を示す．

表-2.3.9　**品質管理試験結果**

項目		試験結果	管理基準	試験方法
フレッシュ性状	練上り温度	39.5℃	-	温度計
	スランプ	18.5cm	16～22cm	JIS A 1101
	空気量	3.1%	-	JIS A 1128
圧縮強度	材齢6時間	30.3N/mm²	24N/mm²以上	JIS A 1108
	材齢28日	63.3N/mm²	-	
静弾性係数	材齢28日	27.7kN/mm²	-	JIS A 1149

※施工時の外気温 32.7℃

2.4 ポリエステルポリマーコンクリート

2.4.1 材料・工法の概要

　ポリエステルポリマーコンクリートは，不飽和ポリエステル樹脂を結合材に用い，セメントの水和反応を用いないレジンコンクリートであり，一般的に用いられる砕石や乾燥珪砂を骨材として用い，必要に応じ着色も可能である．特性としては，6 時間で 60N/mm^2 以上の圧縮強度を発現する早期開放性や，レジンを結合材に用いているため乾燥収縮がなく既設 RC 床版との良好な一体化性，セメントコンクリートに比して 2 倍以上引張ひずみ特性，曲げひずみも大きいなどの特性を有している．ここで**表–2.4.1** に材料・工法の概要を示す．

表–2.4.1　材料・工法の概要

材料		ポリエステルポリマーコンクリート（日鉄ケミカル&マテリアル株式会社）
コンクリートの種類		レジンコンクリート
要求性能	耐荷性・疲労耐久性	一般的なコンクリートと比較して，材料強度が高く耐荷性が向上．輪荷重走行試験は未実施．
	物質浸透抵抗性	レジンを結合材に用い既設床版への劣化因子の侵入を抑制．セメントコンクリートの 2 倍以上の引張抵抗性を有する．
	走行性能	硬質骨材散布により樹脂舗装技術協会 RPN 規格相当のすべり抵抗性を確保．硬質骨材の摩耗の際には再施工が可能．簡易フィニッシャ等により適切な平たん性を確保．
	既設床版との一体性	既設床版に SB 処理後プライマーを塗布して，床版との一体性を確保
標準仕様	下地処理	スチールショットブラストを推奨
	接着材（プライマー）	ビニルエステル樹脂系プライマー（全面塗布）
	舗装材	ポリエステルポリマーコンクリート
	路面仕上げ	硬質骨材散布仕上げ
最小施工厚		40mm（G-max 13mm）または 20mm（G-max 8mm）
コンクリートの養生時間		材齢 6 時間（24N/mm^2 以上）

　ここで，ポリエステルポリマーコンクリートの圧縮特性を**図–2.4.1** に，引張特性を**図–2.4.2** に，曲げ特性を**図–2.4.3** にそれぞれ示す．

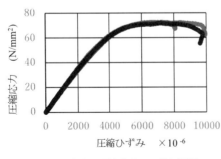

図–2.4.1　圧縮応力–ひずみ関係

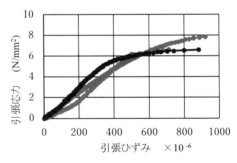

図–2.4.2　引張応力–ひずみ関係

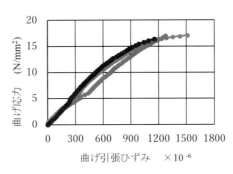

図-2.4.3　曲げ応力-ひずみ関係

2.4.2　施工フロー

ポリエステルポリマーコンクリートの施工フローを**図-2.2.4**に示す.

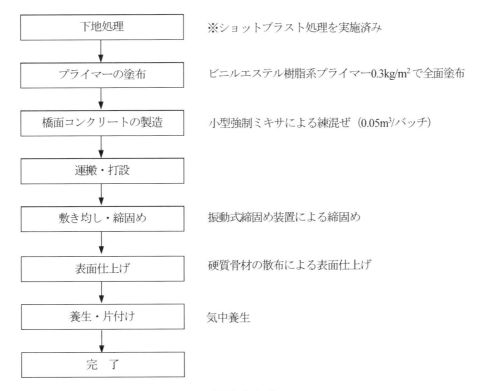

下地処理	※ショットブラスト処理を実施済み
プライマーの塗布	ビニルエステル樹脂系プライマー0.3kg/m² で全面塗布
橋面コンクリートの製造	小型強制ミキサによる練混ぜ（0.05m³/バッチ）
運搬・打設	
敷き均し・締固め	振動式締固め装置による締固め
表面仕上げ	硬質骨材の散布による表面仕上げ
養生・片付け	気中養生
完　了	

図-2.4.4　施工フロー

2.4.3　使用材料

（1）コンクリート

当該コンクリートは，結合材として不飽和ポリエステル樹脂と硬化剤，硬化促進剤，そして骨材として砕石と硅砂から構成されている.ここで今回の共通試験に用いたコンクリートの組成を**表-2.4.2**に,1バッチの結合材,骨材の配合を**表-2.4.3**に,現場にて採取したコンクリートの力学的特性の一覧を**表-2.4.4**にそれぞれ示す.

表-2.4.2　コンクリートの組成

材料構成		組　成
ポリエステルポリマー コンクリート	樹脂	不飽和ポリエステル樹脂
	硬化剤	メチルエチルケトンパーオキサイド
	硬化促進剤	オクテン酸コバルト
	混合骨材	砕石　G-max13mm ＋硅砂

表 2.4.3　コンクリートの標準配合

樹脂量 (%)	配合（kg/m³）			
	樹脂	硬化剤	硬化促進剤	混合骨材
14.0	322	3.22	3.22	1974

表-2.4.4　コンクリートの代表物性値（28 日強度）

単位容積質量 (kg/L)	圧縮強度 (N/mm²)	静弾性係数 (kN/mm²)	割裂引張強度 (N/mm²)	曲げ強度 (N/mm²)
2.19	82.1	21.5	9.18	19.2

（2）プライマー

　既設床版コンクリートに発生したマイクロクラックの補修を目的として，ビニルエステル系樹脂プライマーを打ち込み面全面に塗布する．ここで，プライマーの配合と使用量を**表-2.4.5**に示す．

表-2.4.5　プライマーの配合と使用量

標準配合	標準使用量
主材：添加材：硬化剤 ＝25：5：1（重量比）	0.3kg/m²

2.4.4　コンクリート製造装置

　コンクリートの製造には，小型パン型強制練りミキサを用いて樹脂と骨材の練り混ぜを行い，手押し車に落とし運搬を行った．**写真-2.4.1**にコンクリート製造装置を示す．

写真-2.4.1　コンクリート製造装置

2.4.5 施工結果

(1) プライマーの塗布

コンクリート打ち込み面のブロワー清掃を行い，水分含有率が 8%以下であることを確認した後，プライマーをローラー刷毛にて塗布量 0.3kg/m² となるよう，全面に塗布した．**写真-2.4.2** に清掃状況とプライマー塗布・塗布完了状況をそれぞれ示す．

a) ブロワーによる清掃　　　　b) プライマー塗布状況　　　　c) プライマー塗布完了状況

写真-2.4.2　清掃およびプライマー塗布工程

(2) コンクリートの製造

あらかじめ用意した，1 バッチ使用分の不飽和ポリエステル樹脂，硬化促進剤の混合物に硬化剤を投入し，ハンドミキサーで十分に撹拌した．その後，強制練りミキサに骨材を投入し，硬化促進剤および硬化剤が投入された樹脂を強制練りミキサに投入し，約 2 分間の練り混ぜ後，手押し車に取り出した．1 バッチは 50 リットルとし，合計 12 バッチの練り混ぜを行った．ここで 1 バッチ分の配合を**表-2.4.6** に，製造状況を**写真 2.4.3** に示す．

表-2.4.6　コンクリートの配合

樹脂量	配合 （kg/バッチ）			
(%)	樹脂	硬化剤	硬化促進剤	骨材
14.0	16.1	0.013	0.013	98.6

a) 樹脂撹拌　　　　b) 骨材撹拌　　　　c) 樹脂投入後

写真-2.4.3　コンクリートの製造状況

(3) 敷均し・締固め

打ち込んだコンクリートをトンボにて人力で敷均した後，振動式締固め装置を用い締固めを行った．敷均しおよび締固め状況を**写真-2.4.4** に示す．

a) 打設状況　　　　　　　　　　　　　　b) 締固め状況

写真-2.4.4　コンクリートの打込みおよび締固め

(4) 表面仕上げ

　打ち込んだコンクリートの上面側に，防滑を目的とした表面仕上げとして，粒度 2.2～3.0mm の硬質骨材を 10kg/m^2 となるよう散布した．骨材散布は，当該コンクリートの硬化前に行うことで骨材がコンクリートの硬化後に一体化され強固に接着される．ここで，硬質骨材の散布状況および骨材散布後表面状況を**写真-2.4.5** にそれぞれ示す．

a) 硬質骨材散布　　　　　　　　　　　　b) 散布終了後表面状況

写真-2.4.5　表面仕上げの状況

2.4.6 作業時間

　共通試験施工時の作業時間を**表-2.4.7** に示す．プライマー塗布後の養生時間は 1 時間であり，コンクリートの練り混ぜ開始から表面仕上げ完了まで 1 時間 45 分であった．

表-2.4.7　作業時間

日付	時刻	作業内容
7月27日	9：00	型枠の設置，ブロワーによる表面の清掃
	9：30	プライマーの混合と塗布（0.3kg/m^2），塗布後1時間の気中養生
	10：30	コンクリートの練り混ぜ，品質管理試験（フレッシュ性状）実施，共通試験用供試体作製
	11：00	打設開始（50ℓ/1 バッチ×12 回）
		敷き均し及び締固め
	11：45	表面仕上げ硬質骨材散布（10kg/m^2）
	12：15	表面仕上げ終了

2.4.7 品質管理試験

　品質管理としては，スランプ，圧縮強度，静弾性係数を実施した．品質管理試験の結果を**表-2.4.8**に示す．

表-2.4.8　品質管理試験結果

項目		試験結果	管理基準	試験方法
フレッシュ性状	練上り温度[※1]	40.0℃	-	温度計
	スランプ	22.0cm	12.0±2.5cm	JIS A 1101
圧縮強度	材齢 6 時間	64.5N/mm²	24N/mm² 以上	JIS A 1108
	28 日[※2]	82.1 N/mm²	-	
静弾性係数	28 日[※2]	21.5 kN/mm²	-	JIS A 1149

※1 施工時の外気温 38.8℃
※2 翌日作製，同環境養生供試体使用

2.5　超緻密高強度繊維補強コンクリート

2.5.1　材料・工法の概要

　超緻密高強度繊維補強コンクリートは，物質浸透抵抗性に非常に優れ，補強用鋼繊維（メゾ，マイクロ）を 5 vol% と大量に混入させることで，曲げ応力や引張応力も負担する．また，ひび割れ抵抗性にも優れており，高耐久性のコンクリート系材料である．材料・工法の概要を**表-2.5.1** に示す．

表-2.5.1　材料・工法の概要

材料		超緻密高強度繊維補強コンクリート（J-ティフコム施工協会）
材料区分		超高強度繊維補強コンクリート
要求性能	耐荷性・疲労耐久性	実橋施工で耐荷性の向上効果を確認（**資料編 5** 参照）．輪荷重走行試験により疲労耐久性向上効果を確認（**写真-2.5.1** 参照）．
	物質浸透抵抗性	ひずみ硬化領域が大きい（**図-2.5.2** 参照）．劣化因子である水，塩化物イオン等の侵入を遮断する（**表-2.5.3**，**写真-2.5.4** 参照）．
	走行性能	すべり止め舗装によりすべり抵抗性を確保．タイヤすえ切り試験によりすり減り抵抗性を確認（**写真-2.5.2** 参照）．専用フィニッシャ等により適切な平坦性を確保．
	既設床版との一体性	コンクリート母材での破壊
標準仕様	下地処理	ウォータージェットを推奨
	接着材	接着材無し，散水のみ
	舗装材	超緻密高強度繊維補強コンクリート
	路面仕上げ	エポキシ樹脂系接着材塗布後，硬質骨材散布
最小施工厚		20mm
コンクリートの養生時間		材齢 2 時間（24N/mm^2 以上，超早強型配合の場合）

　圧縮強度を**図-2.5.1** に示す．標準配合では 1 日で 100N/mm^2 程の早期強度を発現する．また，超早強型配合の場合，2 時間で 24N/mm^2 以上の強度を発現する．輪荷重走行試験の試験状況を**写真-2.5.1** に示す．実橋梁床版モデルによる輪荷重走行試験を行っており，150kN で 200 万回走行を行ったが損傷は無く，その高い疲労耐久性を確認している [2]．応力-ひずみ曲線を**図-2.5.2** に示す．自己収縮範囲がひずみ硬化域内にあるので，ひび割れはほとんど発生しない．タイヤすえ切り試験の試験状況を**写真-2.5.2** に示す．タイヤすえ切り損失量は平均 4g であった．首都高速道路 舗装設計施工要領（平成 27 年 4 月）では，小粒径ポーラスアスファルト混合物 (5) の品質規格は 300g 以下となっており，超緻密高強度繊維補強コンクリートの上に施工したすべり止め舗装は，十分なタイヤすえ切り抵抗性を有しているといえる．

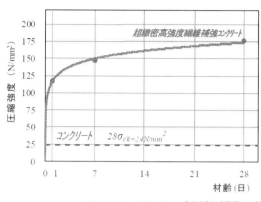

図-2.5.1　圧縮強度 [3] を改変（一部抜粋）して転載

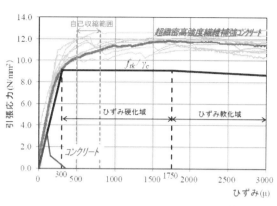

図-2.5.2　応力-ひずみ曲線 [4] を改変（一部抜粋）して転載

写真-2.5.1　輪荷重走行試験 [2]

写真-2.5.2　タイヤすえ切り試験

2.5.2　施工フロー

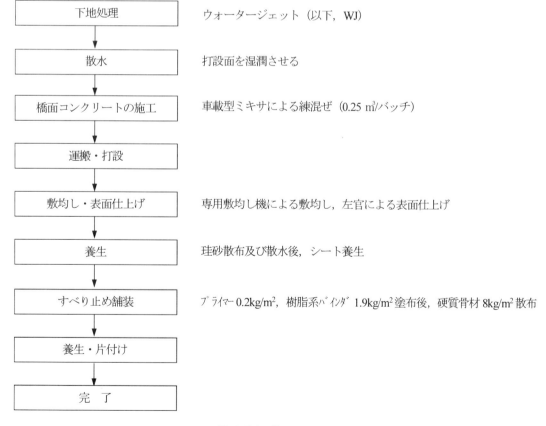

下地処理	ウォータージェット（以下，WJ)
散水	打設面を湿潤させる
橋面コンクリートの施工	車載型ミキサによる練混ぜ（0.25 m³/バッチ）
運搬・打設	
敷均し・表面仕上げ	専用敷均し機による敷均し，左官による表面仕上げ
養生	珪砂散布及び散水後，シート養生
すべり止め舗装	プライマー 0.2kg/m²，樹脂系バインダ 1.9kg/m² 塗布後，硬質骨材 8kg/m² 散布
養生・片付け	
完　了	

図-2.5.3　施工フロー

2.5.3 使用材料

（1）コンクリート

超緻密高強度繊維補強コンクリートは専用プレミックスセメント，2 種類の補強用鋼繊維（メゾ，マイクロ），専用混和剤及び水で構成されており，少ない水でこれらの材料を結合させることで，超緻密・高強度の硬化体を構築する．超緻密高強度繊維補強コンクリートの使用材料を**写真-2.5.3** に，標準配合を**表-2.5.2** に，基本物性値を**表-2.5.3** に示す．

専用ミックスセメント　　補強用鋼繊維(メゾ)　　補強用鋼繊維(マイクロ)　　専用混和剤

写真-2.5.3　使用材料

表-2.5.2　超緻密高強度繊維補強コンクリートの標準配合

補強用繊維（vol.%）		単位量（kg/㎥）		混和剤（kg/㎥）	
鋼製メゾ繊維	鋼製マイクロ繊維	水	標準配合粉体	専用高性能減水剤	その他の混和材（剤）
2.5	2.5	250〜300	1780 以上	35〜45	-

表-2.5.3　超緻密高強度繊維補強コンクリートの基本物性値[3]

項目	特性値	備考
圧縮強度（設計）	130 N/mm²	1 日で高強度発現（基本材齢 28 日）
引張強度（設計）	9 N/mm²	ひび割れ発生強度 6 N/mm²（材齢 28 日）
曲げ強度	35 N/mm²	試験 JIS A 1171（材齢 28 日）
ヤング係数	$4.0×10^4$ N/mm²	繊維混入率 5%（材齢 28 日）
フロー値	打設条件に適合する範囲	試験 JIS R 5201（モルタルフロー）
付着強度　※	2.7 N/mm²	試験 JIS A 1171（材齢 28 日）
長さ変化率	収縮 $111×10^{-6}$	試験 JIS A 6202（材齢 28 日）
塩化物イオン浸透深さ	0 mm	試験 JIS A 1171（材齢 28 日）
中性化深さ	0 mm	試験 JIS A 1171（材齢 28 日）
透気係数	$0.001×10^{-16}$ m² 以下	透気係数試験（トレント法）

※付着強度はコンクリート母材での破壊（接着材無し）

塩化物イオン浸透深さ，中性化深さともに 0mm，透気係数はトレント法で計測できる最小値である $0.001×10^{-16}$ m² 以下であり，物質浸透抵抗性に優れ，劣化因子を遮断する．また，道路橋床版防水便覧に示す防水性試験Ⅱの試験を実施した結果，漏水が無いことが確認されている [5]．防水性試験Ⅱの試験結果を**写真-2.5.4** に示す．

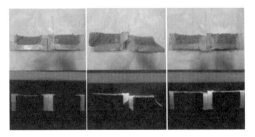

写真-2.5.4　防水性試験Ⅱの試験結果 [5]

（2）プライマー

　超緻密高強度繊維補強コンクリートと樹脂系接着材との接着を良くすることを目的に，超緻密高強度繊維補強コンクリート硬化後，コンクリート用プライマーを塗布した．プライマーの使用量等を**表-2.5.4**に示す.

表-2.5.4　プライマーの使用量等

荷姿	標準配合	標準使用量
主　剤：15kg/缶 硬化剤：15kg/缶	主剤：硬化剤 ＝1：1（質量比）	0.2kg/m²

（3）樹脂系接着材

　超緻密高強度繊維補強コンクリートと硬質骨材との一体性の確保を目的に，2液型エポキシ樹脂系接着材を使用した．接着材の使用量等を**表-2.5.5**に示す.

表-2.5.5　樹脂系接着材の使用量等

荷姿	標準配合	標準使用量
主　剤：15kg/缶 硬化剤：15kg/缶	主剤：硬化剤 ＝1：1（質量比）	1.9kg/m²

（4）硬質骨材

　すべり止め舗装として，樹脂系接着材塗布後に硬質骨材を散布する．養生後は浮石となった余剰硬質骨材を除去する．硬質骨材の使用量等を**表-2.5.6**に示す.

表-2.5.6　硬質骨材の使用量等

荷姿	標準使用量
25kg/袋	8kg/m²

2.5.4　使用機械

（1）ミキサ

　超緻密高強度繊維補強コンクリートは高粘性と材料分離抵抗性に優れているため，製造には専用のミキサを用いる．本現場では車載型ミキサ（0.25 m³／バッチ）を使用して製造を行った．車載型ミキサを**写真-2.5.5**に示す.

写真-2.5.5　車載型ミキサ

（2）敷均し機

超緻密高強度繊維補強コンクリートは高粘性でチクソ性を有するため，振動を与えないと均しは困難である．そのため，超緻密高強度繊維補強コンクリートの敷均しにはレーキにエア振動機を設置した敷均し機（人力）やブレードに高周波振動機を 4 基設置した専用敷均し機を用いる．各種敷均し機を**写真-2.5.6**に示す．

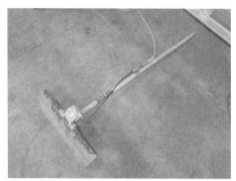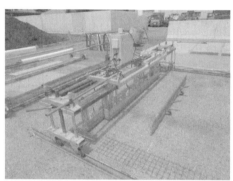

写真-2.5.6　敷均し機（左：人力用，右：機械）

2.5.5 施工結果

（1）WJ 工

本工法の下地処理として WJ を推奨している．WJ に使用する機械はスピンジェット方式で，水の力で回転しながら切削する．WJ 施工状況を**写真-2.5.7**に示す．WJ 後は切削面を水で洗浄し，泥や粉じんを除去する．なお，処理後のきめ深さを CT メーターで測定したところ 2.5mm 程度であった．

写真-2.5.7　WJ 施工状況

（2）散水

超緻密高強度繊維補強コンクリートの打設には接着材は使用しない．ただし，打設面を湿潤させておく必要がある．超緻密高強度繊維補強コンクリートは水和に必要な最低限の水しか与えていないため，打設面が乾燥していると水分が奪われ，硬化不良や付着破壊を起こす．よって，超緻密高強度繊維補強コンクリート打設前には打設面に散水をする．また，WJ 施工後に水で洗浄を行うため，そのまま継続して超緻密高強度繊維補強コンクリートを打設することが可能である．

（3）コンクリートの製造・運搬及び打込み

専用の車載型ミキサで超緻密高強度繊維補強コンクリートの製造を行った．製造状況を**写真-2.5.8**に示す．超緻密高強度繊維補強コンクリートが練り上がったら，手押し車に排出し，速やかに打込みを開始

した.

写真-2.5.8　製造状況

(4) 敷均し・表面仕上げ

超緻密高強度繊維補強コンクリートの敷均しは**写真-2.5.6**で示した専用の敷均し機を使用して，振動を与えながら平坦性を確保する．その後，左官により表面仕上げを行う．敷均し状況を**写真-2.5.9**に示す.

写真-2.5.9　敷均し状況

(5) 養生

超緻密高強度繊維補強コンクリートの敷均し後は，珪砂散布・散水をして，シート養生を行う．養生状況を**写真-2.5.10**に示す.

写真-2.5.10　養生状況

(6) すべり止め舗装

超緻密高強度繊維補強コンクリート硬化後，浮石となった余剰珪砂を除去し，アスファルトを用いないすべり止め舗装として，コンクリート用プライマーを 0.2kg/m²，樹脂系接着材を 1.9kg/m² 塗布し，硬質骨材 8kg/m² 散布する．養生後，浮石となった余剰硬質骨材を除去して施工完了となる．すべり止め舗装の施工状況を**写真-2.5.11**に示す.

写真-2.5.11　すべり止め舗装施工状況

2.5.6 作業時間

施工時の作業時間を表-2.5.7に示す．すべり止め舗装は翌日に施工した．

表-2.5.7　作業時間

日付	時刻	作業内容
7月31日	9：30	コンクリートの練混ぜ開始(1 バッチ目).
	9：40	打込み開始
	9：45	コンクリートの練混ぜ開始(2 バッチ目).
	9：55	打込み開始
	10：10	打込み完了.
8月1日	8：00	養生シート撤去及び余剰珪砂除去
	9：00	プライマー塗布
	9：45	樹脂系接着材塗布
	9：47	硬質骨材散布
	10：15	余剰硬質骨材撤去

2.5.7 品質管理試験

品質管理としては，コンクリートの練上り温度，スランプフロー，空気量，圧縮強度，静弾性係数について試験を実施した．品質管理試験結果を表-2.5.8に示す．

表-2.5.8　品質管理試験結果

項目		試験結果	管理基準	試験方法
フレッシュ性状	練上り温度	45.4℃	-	JIS A 1156
	フロー値	11.3cm	11〜30cm	JIS R 5201
	空気量	2.4%	5%以下	JIS A 1128
圧縮強度	材齢 6 時間	81.7N/mm^2	24N/mm^2 以上	JIS A 1108
	材齢 28 日	144.4N/mm^2	130 N/mm^2 以上	
静弾性係数	材齢 28 日	36.6kN/mm^2	-	JIS A 1149

※施工時の外気温 35.9℃

【第 2 章　参考文献】

1)　郭度連、森山守、菊池徹、李春鶴：ラテックス改質速硬コンクリートの基礎物性と耐久性能に関する基礎的検討，コンクリート工学年次論文集，Vol.37，No.1，pp.1939-1944，2015.

2)　（一財）災害科学研究所：床版上面に J-THIFCOM を用いた大型床版輪荷重試験報告書,2014

3)　J-ティフコム施工協会パンフレット

4)　植田健介，三田村浩，真鍋英規，馬場弘毅：松島橋床版補修工事における超緻密高強度繊維補強コンクリートの適用事例報告，土木学会第 10 回道路橋床版シンポジウム論文報告集，2018.11

5)　三田村浩：限りある橋梁を守るため,床版防水はどうあるべきか－高機能セメント系防水工法－，防水ジャーナル，2019.6

第3章　性能確認試験

3.1 性能確認試験の概要

　橋面コンクリート舗装の共通試験では，各材料を施工した箇所において，性能確認試験を実施した．橋面コンクリート舗装は，床版の耐荷性および疲労耐久性を向上させ，物質浸透抵抗性および走行性能を有することが必要であり，床版との一体性も要求されるものである．本試験においては，これらの中で走行性と床版との一体性の2項目について，性能確認試験を実施することとした．このことは，本試験は材料自体の物性を評価することよりも，下地状態や施工に起因した性能を評価することに重点を置いたことによるものである．

3.2 走行性能

　橋面コンクリート舗装の走行性能は，一般的な橋面舗装と同様にひび割れ・わだち掘れ・平たん性・すべり抵抗性などに着目して評価されるものである．しかしながら，本試験においては，表面仕上げに硬質骨材を散布して材料の目視観察ができない材料があること，交通荷重による負荷を再現しないこと，施工延長が短いことなどから，ひび割れ・わだち掘れ・平たん性による各材料の相対評価は難しいと判断し，一様な条件で相対評価が可能なすべり抵抗性に着目して，走行性能を評価することとした．

　すべり抵抗性の評価については，振子式スキッドレジスタンステスタおよびDFテスタ（回転式すべり抵抗測定器）によるすべり抵抗測定を実施した．測定状況を**写真-3.2.1**に示す．

　　（a）振子式スキッドレジスタンステスタ　　　　　　　　（b）DFテスタ

写真-3.2.1 すべり抵抗の測定状況

　振子式スキッドレジスタンステスタによるすべり抵抗値（BPN）の測定結果を**図-3.2.1**に示す．BPNは，舗装調査・試験法便覧における補正式[1]（3.2.1）を用いて温度補正を行った結果である．

$$C_{20} = -0.0071t^2 + 0.9301t - 15.79 + C_t \tag{3.2.1}$$

　　ここに，C_{20}：20℃に補正したBPN，C_t：路面の表面温度 t℃の時のBPN，t：路面の表面温度（℃）

　参考までに，BPNによる評価を用いた例として，舗装設計施工指針では「舗装材料のすべり抵抗性に関し

て湿潤路面で歩行者や自転車がすべりやすさを感じない抵抗値の目標としてBPNで40以上とすることがある.」とされており[2]，地方自治体などで準用されている．車道部のすべり抵抗値は，NEXCO規格ではBPNで60以上（暫定運用）とされており[3]，維持修繕で舗装を切削オーバーレイした後の管理として実施されている．

　BPNの測定結果については，施工後および1年後においても，全ての材料は60以上を有しており，歩道および車道の参考となる目標値を満足していた．すべり抵抗性の観点では，全ての材料は実橋に適用できる技術であると考えられる．なお，施工後より1年後が僅かに大きくなっている材料（A,B）については，微妙な測定場所の違いによる誤差や降雨などによる表面劣化の可能性もあるが，施工後と1年後は概ね同等であるとの判断をした．

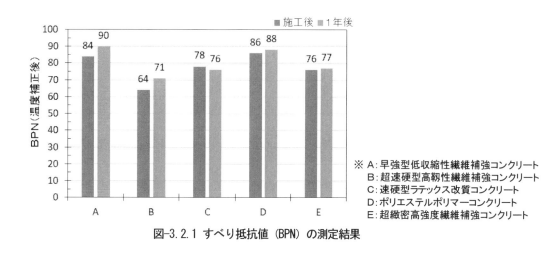

図-3.2.1　すべり抵抗値（BPN）の測定結果

　DFテスタによるすべり抵抗値（動的摩擦係数）の測定結果を**図-3.2.2**に示す．動的摩擦係数は，地方の小規模橋梁での適用を想定し，30km/hの条件で測定をしている．

　参考までに，動的摩擦係数による評価を用いた例として，NEXCO 規格では，新設におけるコンクリート舗装版の管理基準値は80km/h の条件で 0.35 以上（暫定運用）が設定されている[3]．

　動的摩擦係数（30km/h）の測定結果については，全ての材料は 0.3 以上を有しており，その中でも路面に硬質骨材を付着させている材料（D,E）においては，0.7 以上と高い値を示していた．参考となる目標値はないものの，上記の高速道路における管理基準値を考慮すれば，30km/h の条件で 0.3 以上という値は，実用上において問題のないレベルであると思われる．

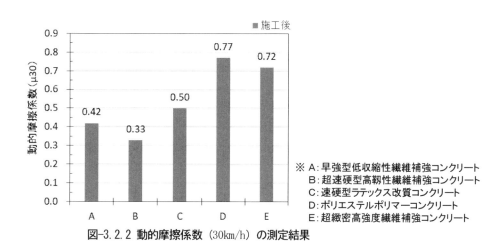

図-3.2.2　動的摩擦係数（30km/h）**の測定結果**

　以上のことから，BPN および動的摩擦係数の両方の観点で評価をした結果，施工後および施工 1 年後においても，共通試験を実施した全ての材料はすべり抵抗性を確保できているものと考えられる．

　なお，BPN と動的摩擦係数の傾向が異なることについては，BPN は局所的な仕上げ面を評価対象としており素材自体の影響も受けやすいこと，動的摩擦係数は BPN と比較して箒目を跨ぐような広範囲が評価対象であることなどが要因として考えられる．

3.3 床版との一体性

　床版との一体性の評価については，建研式引張接着試験および一面せん断試験を実施した．いずれの試験も床版との一体性を評価できるものであり，建研式引張接着試験は施工後および 1 年後に施工フィールドで実施し，せん断試験は 1 年後にコア採取して室内で試験を行った．

　建研式引張接着試験の状況を**写真**-3.3.1 に，試験結果を**図**-3.3.1 に示す．

写真-3.3.1 建研式引張接着試験の状況

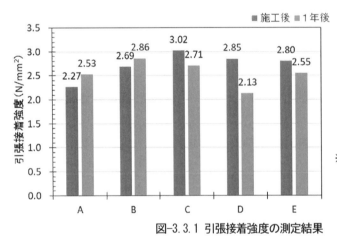

※ A：早強型低収縮性繊維補強コンクリート
　B：超速硬型高靱性繊維補強コンクリート
　C：速硬型ラテックス改質コンクリート
　D：ポリエステルポリマーコンクリート
　E：超緻密高強度繊維補強コンクリート

図-3.3.1 引張接着強度の測定結果

　引張接着強度については，施工 1 年後の時点において，5 材料のうち最も低い材料でも 2.13N/mm² であり全体的に高い強度を有していた．試験後に観察した破壊形態では，早強型低収縮性繊維補強コンクリートとポリエステルポリマーコンクリートについては，下地コンクリートの破壊，材料破壊，接着材近傍での破壊など，破壊形態は 3 パターンあり，バラツキも確認された．超速硬型高靱性繊維補強コンクリートについて

は，下地コンクリートの破壊，材料破壊の 2 パターンであった．速硬型ラテックス改質コンクリートと超緻密高強度繊維補強コンクリートは，全て下地コンクリートの破壊であった．

　参考までに，引張接着強度により下地コンクリートとの一体性を評価している例として，NEXCO 規格では，増厚コンクリート用エポキシ樹脂接着材の規格値が $1.0N/mm^2$ 以上 [4] とされている．このことや破壊形態に下地コンクリートの破壊があったことを考慮すれば，$2.0N/mm^2$ 以上という値は，実用上において問題のない試験結果と考えられ，各材料は下地コンクリートとの一体性を確保しているものと考えられる．

　つぎに，せん断試験の状況を**写真-3.3.2** に，せん断試験用治具を**図-3.3.2** に，試験結果を**図-3.3.3** に示す．せん断強度については，施工 1 年後の時点において，5 材料のうち最も低い材料でも $4.81N/mm^2$ であり全体的に高い強度を有していた．試験後に観察した破壊形態では，ほとんどが下地コンクリートの破壊と材料破壊が混在した形態であった．なお，超速硬型高靱性繊維補強コンクリートと超緻密高強度繊維補強コンクリートにおいては，試験機の最大荷重を超えた段階（せん断強度が $6.4N/mm^2$ 程度の段階）で停止して破壊するまで試験ができなかった供試体もあるため，実際には更に高いせん断強度であったと推察される．

写真-3.3.2　せん断試験の状況

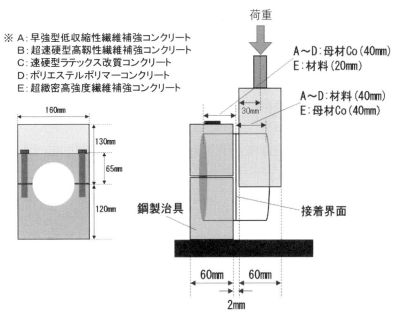

図-3.3.2　せん断試験用の治具

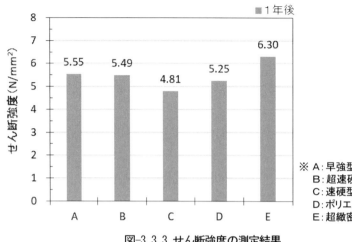

図-3.3.3　せん断強度の測定結果

　参考までに，既往のせん断強度の評価式により，一般的な床版コンクリートの圧縮強度として 24N/mm² を用いたせん断強度を算出した．その結果，円柱試験体の一面せん断試験から求められた阿部らの式 [5] (3.2.2) では 4.78 N/mm² であった．このことからも，せん断強度が最も低い材料でも 4.81N/mm² であったことを考慮すれば，全ての材料は床版コンクリートのせん断強度の理論値と同等以上のせん断強度を有していると推察され，各材料は下地コンクリートとの一体性を確保しているものと考えられる．

$$fcvo = 0.688fc^{0.610} \tag{3.2.2}$$

　　ここに，$fcvo$：コンクリートのせん断強度(N/mm²)，fc：コンクリートの圧縮強度(N/mm²)

　以上のことから，引張接着強度およびせん断強度の両方の観点で評価をした結果，施工後および施工 1 年後においても，共通試験を実施した全ての材料は床版との一体性を確保できているものと考えられる．

【第 3 章　参考文献】

1)　日本道路協会：平成 31 年版　舗装調査・試験法便覧，2019.3

2)　日本道路協会：舗装設計施工指針，2006.2.

3)　東日本高速道路㈱・中日本高速道路㈱・西日本高速道路㈱：舗装施工管理要領，2017.7.

4)　東日本高速道路㈱・中日本高速道路㈱・西日本高速道路㈱：構造物施工管理要領，2019.7.

5)　阿部忠，木田哲量，徐銘謙，澤野利章：道路橋 RC 床版の押抜きせん断耐荷力評価式に関する研究，土木学会構造工学論文集，Vol.53A，2007.3.

第4章　まとめ

　本共通試験では，わが国の橋面コンクリート舗装技術を確認するために，橋面コンクリート舗装に用いるコンクリートの材料特性を整理するとともに，施工性，走行性能，床版を模擬したコンクリートとの一体性を評価した．共通試験を実施したコンクリートについては，橋面コンクリート舗装に適合すると考えられる材料を公募し，計5材料（セメント系が4材料，レジン系が1材料）を選定した．各種の橋面コンクリート舗装を**写真-4**.1に示す．

　各材料の施工性を確認した結果，気温30℃を上回る環境下での施工であったにも関わらず，いずれも計画どおりの施工を行うことができ，実橋においても十分に施工できる技術レベルにあると判断した．

　走行性能については，表面仕上げに硬質骨材を散布して材料の目視観察ができない材料があること，交通荷重による負荷を再現しないこと，施工延長が短いことなどから，一様な条件で相対評価が可能なすべり抵抗性に着目することとし，BPNおよび動的摩擦係数の両方の観点で評価をした．その結果，施工後および施工1年後においても，実橋でも十分に適用可能なすべり抵抗性を確保していた．また，床版を模擬したコンクリートとの一体性についても，引張接着強度およびせん断強度の両方の観点で評価をした結果，施工後および施工1年後においても，一体性を確保できているものと考えられる．

　今後としては，各技術の実橋への適用性を確認するとともに，道路橋床版の長寿命化に寄与する効果および施工後の供用性なども確認していく必要がある．なお，本ガイドラインでは，速硬型ラテックス改質コンクリートの実橋試験施工事例を資料編3に，超速硬型高靱性繊維補強コンクリートの実橋試験施工事例を資料編4に収録しているので併せて参照されたい．

a) 早強型低収縮性繊維補強コンクリート

b) 超速硬型高靱性繊維補強コンクリート

c) 速硬型ラテックス改質コンクリート

d) ポリエステルポリマーコンクリート

e) 超緻密高強度繊維補強コンクリート

写真-4.1　道路橋床版の長寿命化を目的とした橋面コンクリート舗装

資料編3
橋面コンクリート舗装の実橋試験施工-1
（天王山古戦橋）

第1章　概　要

1.1　試験施工の概要

コンクリート床版上にコンクリートを用いた橋面舗装を適用すると，①米国の事例より舗装を撤去せずに床版上部からの点検が可能となる，②床版と一体化させることにより防水性を担保できる，③実質的なかぶり厚が増える，④実質的な床版の高耐久化が期待できる，⑤舗装自体も耐久性が高いことから維持修繕コストの削減が見込まれる．以上のことから，土木学会鋼構造委員会道路橋床版の複合劣化に関する小委員会，セメント協会舗装技術専門委員会，太平洋セメント株式会社は，京都府大山崎町の協力を得て，2016 年にコンクリート床版の長寿命化を目的とした橋面コンクリート舗装の適用性評価のために京都府大山崎町道天王山古戦橋において試験施工および，その供用性調査を行った．本資料は本試験施工および供用 3 年までの供用性調査の結果についてとりまとめたものである．

1.2　対象橋梁

試験施工は，**図-1.2.1** に示す京都府大山崎町道となる天王山古戦橋で行なった．天王山古戦橋は，延長 206.9m の鉄筋コンクリート（RC）床版を有するプレートガーダー橋で，JR 東海道本線及び阪急京都線を跨ぐ跨線橋である．橋面コンクリート舗装の施工箇所は，**図-1.2.2** に示す天王山古戦橋中央部の 2 径間の連続桁である．天王山古戦橋の断面図を**図-1.2.3** に示す．施工箇所は幅員が 7m，延長は 32.5m であり，事前に測定した勾配測量の測定結果を**図-1.2.4** および**表-1.2.1** に示す．縦断勾配が 10.5%～10.8% と大きいことが特徴である．また，床版厚に関しては，**図-1.2.5** に示す位置にて，小径微破壊コンクリート内部検査手法である Single i 工法にて測定を行った [1]．本工法は，φ5mm の極小口径で穿孔を行い，特殊カラー樹脂を注入し，硬化後に同位置に再度φ9mm で穿孔を行い，高性能内視鏡でコンクリート内部の鮮明な画像および動画を記録保存して解析する．調査は 5 ヵ所で行い，調査孔 No.2 および調査孔 No.3 の結果を**図-1.2.6** に示す．調査の結果，アスファルト舗装の設計版厚 50mm に対して，若干の変動があるが，許容範囲であった．施工面積および施工数量を算定するために測量を行った．測量の測定結果を**図-1.2.5**，**図-1.2.7** および**図-1.2.8** に示す．この測定結果より，施工面積と施工数量を算出した結果を**表-1.2.2** に示す．

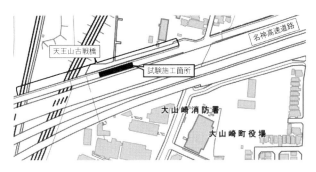

図-1.2.1　現場位置（地理院地図 電子国土 Web より）

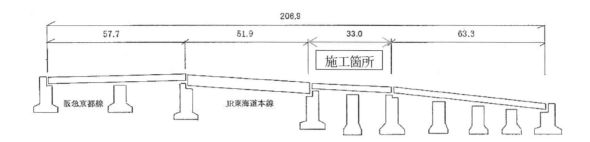

図-1.2.2　天王山古戦橋側面図（単位：m）

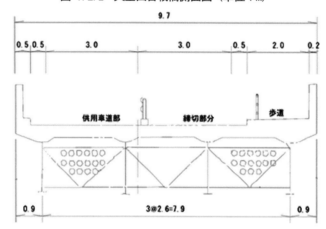

図-1.2.3　天王山古戦橋断面図（単位：m）

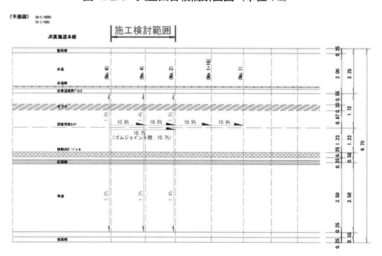

図-1.2.4　勾配測定結果（単位：m）

表-1.2.1　勾配測定結果

箇所	横断勾配		縦断勾配	
	位置	勾配	位置	勾配
締切部	No.2	1.5%	No.2～No.4	10.5%
	No.4	1.4%	No.4～No.6	10.8%
	No.6	1.5%	ゴムジョイント間	10.7%
車道部	No.2	1.4%	―	
	No.4	1.2%		
	No.6	1.2%		

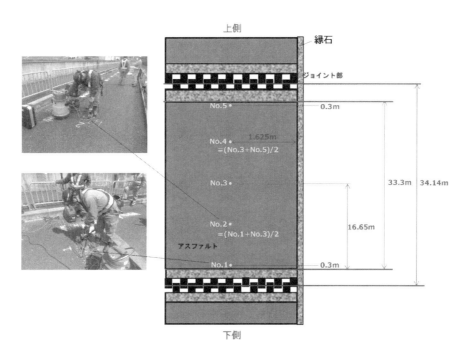

図-1.2.5　調査位置図および測量結果（単位：m）

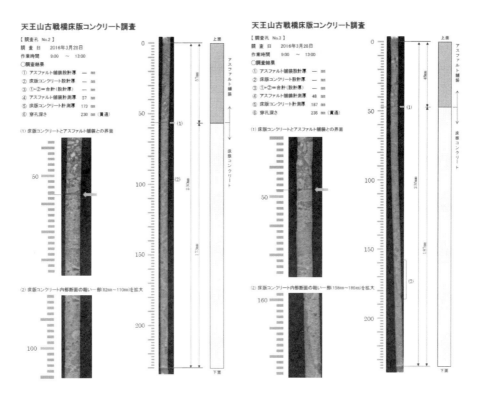

図-1.2.6　調査孔 No.2 および No.3 の測定結果

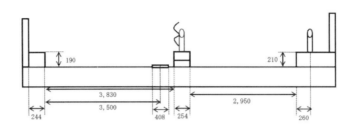

図-1.2.7　No.2の側断面図

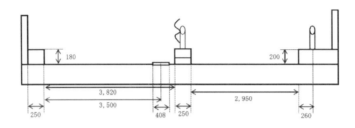

図-1.2.8　No.6の側断面図

表-1.2.2　施工面積と施工数量

施工面積	施工数量	
幅員（3.83+0.254+2.95）m×延長33.3m=234.2m²	舗装厚 48mm の場合：（48+10※）mm×234.2m²=13.58m³	
	舗装厚 57mm の場合：（57+10※）mm×234.2m²=15.69m³	

※　コンクリート床版の切削厚を10mmとした.

1.3　橋面コンクリート舗装に用いたコンクリートの配合

　橋面コンクリート舗装に用いたコンクリートは，速硬型ラテックス改質コンクリート（以下，LMC, Latex Modified Concrete）と呼ばれる，セメントコンクリートに高分子材料（ポリマー）を添加したものを使用した. 配合は**表-1.3.1**に示す通りである. 配合は試験施工により選定し，現場の急勾配（11%程度）に対応するためにチクソトロピー性（振動を与えると流動し，振動を止めると流動しなくなる性質）が強いコンクリートとなっている. また，ポリマーを添加することにより，付着強度の確保，ひび割れ発生の抑制，床版の変形に対する追従性確保を図っている.

表-1.3.1　コンクリートの配合

水セメント比（%）	ポリマーセメント比（%）	目標スランプ（cm）	s/a（%）	単位量（kg/m³）		
				セメント、混和材、細骨材混合物	ポリマー混合液	粗骨材
38.6	14.7	2.5	45	1179	157	1073

1.4　施工概要

　試験施工は**表-1.4.1**に示すように 2016 年 8 月 3 日～8 月 10 日にかけて実施し，コンクリート舗装工は 1 日目に下り車線，2 日目に上り車線及び下り側の間詰，3 日目に上り側の間詰めの打設となる 3 日間とした（**図-1.4.1** 参照）．橋面コンクリート舗装の下地処理は，RC 床版と橋面コンクリート舗装の付着を確保するために既設アスファルト舗装切削除去後にショットブラストによる研掃(投射密度 150kg/m²)を実施した．接着材の塗布は，上面増厚工法を参考に，端部からの雨水などの浸入を防ぎ，耐久性が高いとされるコンクリート版端部から 500mm の幅で額縁上のみとした．但し，間詰めコンクリートの箇所は接着材を全面に塗布した（**図-1.4.1** および**図-1.4.2** 参照）．また，コンクリートの打設は日中の高温を避けるために夜間に実施した（**表-1.4.2** 参照）．なお，下り車線の施工中に材料供給が間に合わず一時打設が中断した打継ぎ箇所では，施工再開時において同様に額縁状に接着材を塗布した．コンクリートの製造は傾胴ミキサーで混練を行い，打設箇所にはタイヤショベルで運搬してから打設した．敷均し及び締固めはブリッツスクリードにて行い，表面仕上げは横グルービングを採用した．養生は，シート養生にて打設後約 20 時間程度で養生終了とした．橋面コンクリート舗装は既設アスファルト舗装の打換えを前提とするため，設計版厚が 50mm であり，コンクリート床版と一体化する設計であるため目地は設けなかった．試験施工の状況を**写真-1.4.1**～**写真-1.4.14**に示す．打設した LMC の各種強度試験の結果は**表-1.4.3**に示す通りである．

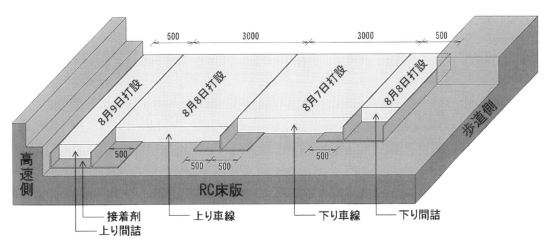

図-1.4.1　断面図（単位:㎜）

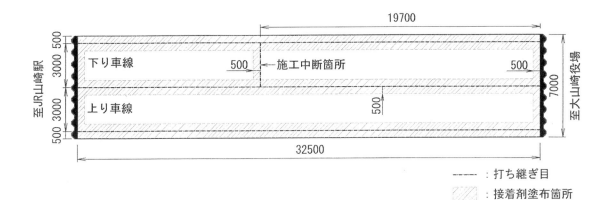

図-1.4.2　平面図（単位:㎜）

表-1.4.1 施工日程

日程	工程
8月3日	既設アスファルト舗装
8月7日	床版研掃工（ショットブラスト）
	下り車線コンクリート打設
8月8日	上り車線コンクリート打設
8月9日	下り車線間詰コンクリート打設
	上り車線間詰コンクリート打設
8月10日	

表-1.4.2 コンクリート打設日の気象

日程	気温（℃）			天候
	最高	最低	平均	
8月7日	37	27	31	晴れ
8月8日	36	27	30	晴れ
8月9日	35	26	30	晴れ一時曇り
8月10日	35	26	28	晴れ

表-1.4.3 LMC の各種強度試験の結果

材齢（日）		1	1.5	28	121
圧縮強度(MPa)		41.0	-	51.7	61.2
弾性係数(GPa)		31.5	-	34.1	37.9
模擬床版との付着強度(MPa)	接着剤無	-	1.8	1.8	-
	接着剤有	-	3.6	2.8	-

写真-1.4.1 施工前

写真-1.4.2 既設アスファルト切削工

写真-1.4.3　既設アスファルト切削後

写真-1.4.4　床版研掃工

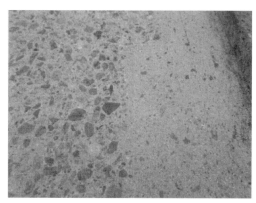

写真-1.4.5　研掃後の床版

写真-1.4.6　型枠設置

写真-1.4.7　コンクリート混練

写真-1.4.8　フレッシュ試験

写真-1.4.9　接着材塗布及び打設

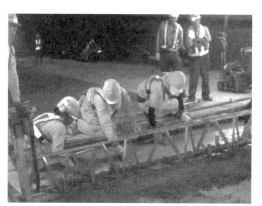

写真-1.4.10　表面均し

写真-1.4.11　横グルービング

写真-1.4.12　養生工（上り車線と下り間詰，
下り車線は養生終了）

写真-1.4.13　施工終了（8月10日）

写真-1.4.14　供用中（9月3日）

1.5　補修概要

　供用性の確認のため，追跡調査を実施した（**第2章，第3章**参照）．その結果，供用1年の夏季調査（2017年8月）において上り車線の一部に舗装と床版との剥離が認められた．このため，供用1年調査後の冬季に（2017年12月）に樹脂注入による補修工法[2]（NETIS：KT-140110-A）による補修工事を実施した（**図-1.5.1**参照）．補修前後で打音による剥離調査を行ったところ，注入箇所に剥離は認められなかった．補修は打音調査で確認された全ての剥離箇所で実施した．しかし，供用2年の夏季調査（2018年8月）では再度剥離が確認されたが，供用2年では補修を行わず供用3年の夏期（2019年9月）に供用性調査と同時に補修を行った．

図-1.5.1　樹脂注入による補修工法

【第1章　参考文献】

1)　谷倉泉，渡邉晋也：コンクリート内部に発生した微細ひび割れの微破壊試験法に関する研究，建設機械施工，Vol.67，
　　No.9，pp.81-85，2015.9

2)　後藤明彦，長谷俊彦，松本政徳，谷倉泉：樹脂注入補修を行った上面増厚床版の追跡調査，土木学会第66回年次学
　　術講演会，VI-158，pp.315-316，2011

第 2 章　調査方法

　調査項目および方法は**表-2.1** に示す通りであり，調査は，竣工時と供用 3 ヵ月，1 年夏季，1 年冬季，2 年夏季，2 年冬季，3 年夏季において実施している．各調査時期に実施した調査項目も**図-2.1** に示す通りである．

表-2.1　調査項目及び方法

調査項目		調査方法	実施時期
事前調査	既設アスファルト舗装の平たん性	舗装調査・試験法便覧 [1] S028 準拠（MRP）	施工前
	床版の健全性	目視調査	施工前
材料に関する試験	圧縮強度	JIS A 1108	材齢 1 日,28 日，121 日
	弾性係数	JIS A 1149	
	付着強度	建研式引張試験	材齢 1.5 日，28 日
舗装の供用性に関する調査	ひび割れ	舗装調査・試験法便覧 S209（目視）	竣工時，供用 3 ヵ月，1 年夏季，1 年冬季，2 年夏季，2 年冬季，3 年夏季
	わだち掘れ	舗装調査・試験法便覧 S030 準拠（MRP）	竣工時，1 年夏季，2 年夏季，3 年夏季
	平たん性	舗装調査・試験法便覧 S028（MRP）	竣工時，1 年夏季，2 年夏季，3 年夏季
	すべり抵抗	舗装調査・試験法便覧 S021-3（DFT）	竣工時，1 年夏季，2 年夏季，3 年夏季
	舗装の付着	打音調査	竣工時，供用 3 ヵ月，1 年夏季，1 年冬季，2 年夏季，2 年冬季，3 年夏季

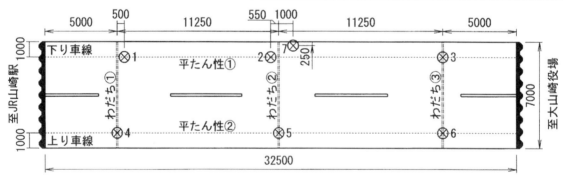

図-2.1　供用性調査箇所（単位：㎜）

【第 2 章　参考文献】

1)　日本道路協会：平成 31 年版　舗装調査・試験法便覧, 2019.3.

第3章　調査結果

3.1　床版の健全性

床版については，既設アスファルト舗装切削後に目視調査を実施した．**写真-1.4.3**に示すようにひび割れや砂利化等の破損は認められなかった．

3.2　わだち掘れ量

わだち掘れ量は竣工時の測定結果を初期値（わだち掘れ量0mm）として扱い，供用1年以降の調査結果は竣工時のわだち掘れ量との差分をわだち掘れ量として整理した．結果を**図-3.2.1**に示す．供用3年におけるわだち掘れ量は2〜4mm程度であり，若干の摩耗がみられているが，わだち掘れはほとんど発生していないと判断できる．

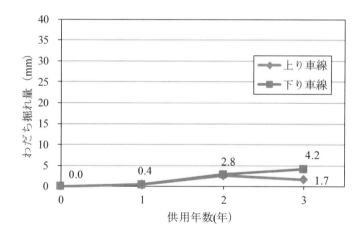

図-3.2.1　わだち掘れ量の測定結果

3.3　平たん性

平たん性は各車線の外側車輪走行位置（OWP）で測定した．測定結果を**図-3.3.1**に示す．竣工時の平たん性は4.4mm〜5.1mmと大きい傾向があり，供用1年でもほぼ同じであった．また，供用1年から3年にかけて平たん性が若干向上している．これは，供用に従い路面の凸部が車両通行により削られたことが原因であると考えられる．

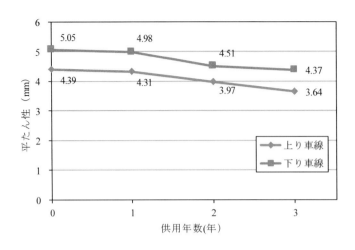

図-3.3.1　平たん性の測定結果

3.4　すべり抵抗性

　動摩擦係数測定機（DFT）は，路面の動摩擦係数を速度ごとに測定する機材であり，一般的には時速60km時の動摩擦係数（μ_{60}）に着目する．**図-3.4.1**は，上下車線3箇所ずつの測定結果を平均した値の経年変化を示している．竣工時の動摩擦係数（μ_{60}）は下り車線0.34，上り車線0.27であったが，供用が進むにつれてすべり抵抗性が向上し，供用3ヵ月以降は十分なすべり抵抗性を示している．これは，施工時に散布した仕上げ助剤（ポリマー混合液）がすべり抵抗性を低下させており，これが車両の走行や雨水が路面を流れることなどにより除去されてきたことや，路面が荒れてきたことが関係していると考えられる．

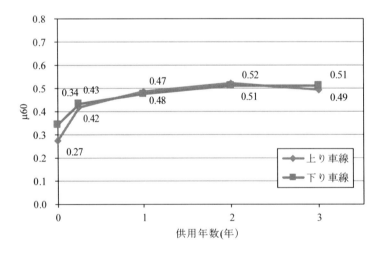

図-3.4.1　動摩擦係数（μ_{60}）の測定結果

3.5　ひび割れ

　ひび割れ調査は竣工時と供用3ヶ月，1年夏季，1年冬季（上り車線のみ），2年夏季，2年冬季，3年夏季

で実施した．**図-3.5.1**〜**図-3.5.6**に示したひび割れ図の赤線は各調査時に新たに確認されたひび割れを示している．竣工時の路面は，ひび割れは認められなかったが，打設後 2〜3 週間が経過した時点でヘアクラックが発生し，供用 3 ヶ月（**図-3.5.1**参照）では 0.05mm〜0.10mm のプラスチック収縮ひび割れと考えられるひび割れが散見された．供用が進むにつれてひび割れは増加しており，初期は上り車線に多くひび割れが発生している．しかし，供用 3 年の調査では下り車線でも長いひび割れが散見されており，ひび割れは全面的に発生している．また，上り車線は縦断ひび割れが多く，下りは横断ひび割れが多い傾向である．

3.6 床版と橋面コンクリート舗装の一体性

　床版と橋面コンクリート舗装の一体性は，路面における打音試験によって調査しており，供用 1 年以降試験施工を実施した全路面に対して，両口ハンマーを用いて調査した．供用 1 年調査（**図-3.5.2**参照）において，上り車線の 4 カ所に剥離が確認された．剥離が確認された箇所は，ひび割れが発生しており，コンクリート片の飛散が憂慮された．そのため，早期に補修すべきと判断して供用 1.3 年（1 年冬期）に樹脂注入を実施した．**図-3.5.3**に示すように供用 1.3 年の補修前に舗装全面を打音調査した結果，供用 1 年と比較すると全体的に剥離が縮小しているような傾向が見られた．補修は樹脂注入工法（NETIS：KT-140110-A）により全ての剥離箇所において実施した．両端の大きなひび割れにおいて，剥離面への樹脂注入を確認した．しかし，⑯-8 と⑳-10 付近の小さいひび割れ 2 カ所はほとんど樹脂注入ができなかった．また，JR 山崎駅寄りの剥離箇所は，樹脂注入時の液圧により剥離を押し広げるような状況を打音試験により確認した．補修終了後の打音調査では，剥離箇所が確認できなかったことから，剥離箇所は全て補修できたと判断した．

　図-3.5.4に示すように供用 2 年（夏季）調査では，1.3 年で補修を行った大きな剥離 2 カ所では，剥離が確認されなかった．しかし，補修時にあまり樹脂が注入されなかった小さな剥離箇所は，再度剥離が確認された．特に，⑯-8 付近の剥離は供用 1 年から 1.3 年に掛けて縮小していたが，供用 2 年では供用 1 年と同じような大きさに戻っていた．この現象は季節によって剥離の大きさが異なると考えられる．夏季においてはコンクリートが膨張することから，コンクリート版が拘束により上に凸の状態となり，剥離範囲が広がると推察した．また，上り車線において比較的広い剥離が 2 ヵ所確認された．これらの剥離箇所についても補修する必要があると考えたが，冬期は剥離範囲が縮小する可能性があるため，冬期には再度剥離範囲を調査して季節変動を確認することとし，補修は夏季に行うこととした．

　供用 2 年(冬季)の調査結果を**図-3.5.5**に示す．同年夏季の調査結果と比較して剥離面積が減少しており，供用 1 年と同様の傾向であり，冬季は夏期に比べて剥離面積が小さくなることを確認した．

　供用 3 年（夏季）の調査結果を**図-3.5.6**に示す．供用 2 年夏季と比較しても剥離面積が増加しており，特に下り車線の増加が顕著であった．しかし，供用 1 年（冬季）に十分な樹脂注入が行えた箇所は再剥離しておらず健全であった．今回の補修では比較的剥離面積が大きい，補修が必要と判断した箇所で実施した．これは剥離が小さい場合，樹脂注入を一度行うと，再度注入することができなくなるためである．補修の成否については，補修翌日に打音調査を実施して確認した．補修後の調査結果を**図-3.6.1**に示す．図中の黒色のハッチングは補修された箇所を示し，赤色のハッチングは未補修箇所を示す．紫色のハッチングは補修翌日に補修不良を確認した個所を示す．この補修不良箇所は，供用 1 年冬季に補修を行い十分な樹脂注入ができなかったが，一度樹脂注入したため，再注入できなかった個所である．

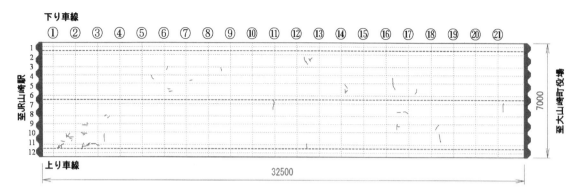

図-3.5.1　供用 3 ヶ月ひび割れ図（2016 年 12 月）

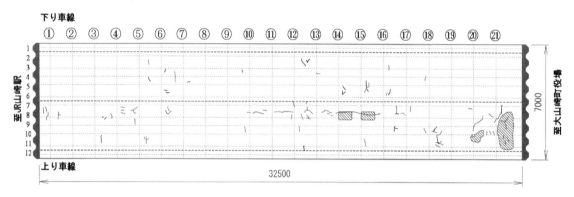

図-3.5.2　供用 1 年（夏季）ひび割れ図（2017 年 8 月）

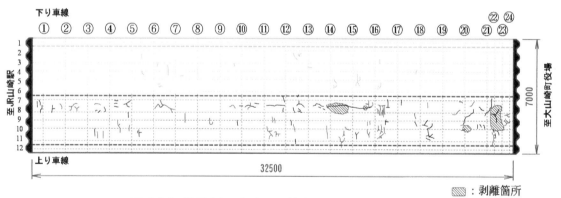

図-3.5.3　供用 1 年（冬季）ひび割れ図（2017 年 12 月）

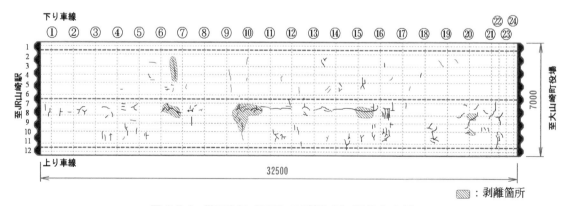

図-3.5.4　供用 2 年（夏季）ひび割れ図（2018 年 8 月）

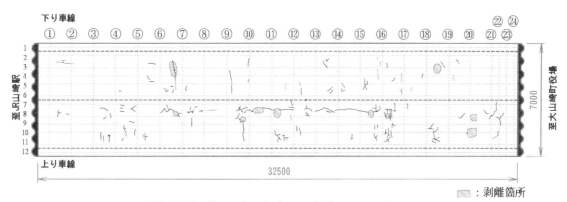

図-3.5.5　供用 2 年（冬季）ひび割れ図（2018 年 12 月）

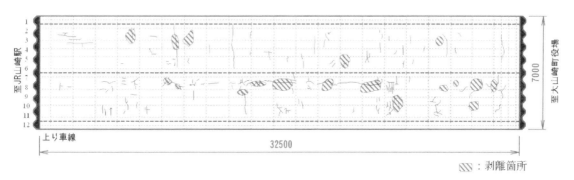

図-3.5.6　供用 3 年（夏季）ひび割れ図（2019 年 9 月）

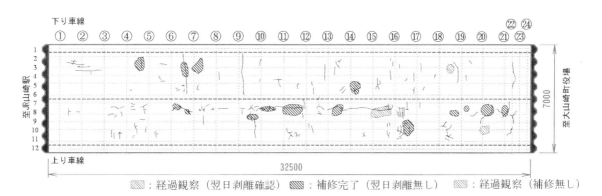

図-3.6.1　供用 3 年補修後（2019 年 9 月）

3.7　剥離の原因

　剥離の発生原因を推察すると，一つは，温度の影響が考えられる．施工時は気温 30℃を超えており，コンクリート温度も約 33℃と非常に高かった．資料編 1 で述べたように，米国では LMC の施工において気温，湿度，風速，コンクリート温度から求めるコンクリート表面からの時間当たりの水分蒸発量の規定があり，基準値は 0.10（lb/ft²/h）以下である．施工時の水分蒸発量を試算すると約 0.1（lb/ft²/h）であり，ほぼ基準値と同じである．しかし，当日は湿度と風速が未測定であり，試算には気象庁データを使用しており，この観測地点は現場から 10 km 程度離れた場所であること，現場は橋梁上であり，観測データと異なっており，基準値を超えていた可能性がある．

　一方，今回使用した LMC は急勾配に対応するために低スランプの配合に変更した，そのためブリッツスクリードだけでは締固めが十分にできなかった可能性が考えられる．米国で一般的に用いられている LMC は，スランプ 12 cm程度であり，今回の配合は施工性が著しく低下していた可能性が高い．

　また，本試験施工では，施工費の削減と耐久性を両立させるために接着材を額縁塗布とした．ひび割れや剥離が接着材を塗布していない箇所で発生しており，全面塗布していれば回避できたものと考えられる．

第 4 章　まとめ

　本試験施工は，施工現場が縦断勾配 10% 超えであり，コンクリートを硬めにしなければならなかったこと，施工時期が真夏の非常に気温が高い時期であったこと，接着材の使用範囲を減らすため額縁に塗布したことなどから，床版と橋面コンクリート舗装の剥離が発生したが，樹脂注入による補修を行うことで補修箇所の剥離の拡大やひび割れの増大を抑制することを確認した．

　供用 3 年までの供用性調査の結果（**写真-4.1** 参照），橋面コンクリート舗装はわだち掘れ量は小さく，平たん性はやや向上する結果であった．すべり抵抗性は施工直後に小さい結果であったが，供用によりすべり抵抗性は向上しており，初期のすべり抵抗性の低下は仕上げ助剤の散布量が原因と推察した．供用 3 年時の供用性に関しては，住民からの問合せもなく，管理者も特に問題なしとの評価であった．

写真-4.1　供用 3 年調査時の状況（2019 年 9 月）

資料編４

橋面コンクリート舗装の実橋試験施工-2
（新屋橋）

第 1 章　概　　要

1.1　試験施工の概要

　土木学会鋼構造委員会「道路橋床版の点検診断の高度化と長寿命化技術に関する小委員会」では，道路橋床版の長寿命化を目的とした橋面コンクリート舗装の適用性を検討することを目的とし，富山市建設部橋りょう保全対策課の協力のもと，供用中の新屋橋において橋面コンクリート舗装の試験施工を実施した．試験施工については，事前調査および橋梁の耐荷力照査，施工計画の立案を行ったうえで行うものとし，施工後の調査も実施することとしている．施工後の調査については，所定の走行性能を確保しているか否かを確認するための路面調査，橋面コンクリート舗装の施工に伴う床版の補強効果を確認するための FWD によるたわみ量調査を実施した．

1.2　対象橋梁

　新屋橋は，富山市内を流れる神通川近傍の牛ヶ首用水に架橋する橋長 18.0m，幅員 6.1m の単純活荷重合成 H 桁（推定）で 1968 年に建設された橋梁である．新屋橋の位置図を**図-1.1.1** に，概要および現況を**図-1.1.2** に示す．新屋橋の現況としては，既設コンクリート舗装の路面は前後の土工区間よりも低く，橋梁の両端部はアスファルト舗装のオーバーレイによる擦付けが施されていた．

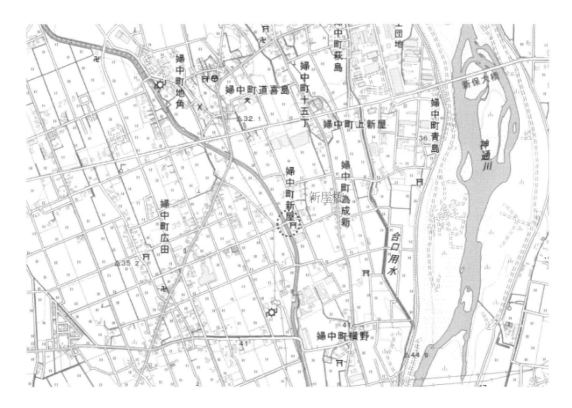

図-1.1.1　新屋橋の位置図（地理院地図 電子国土 Web より）

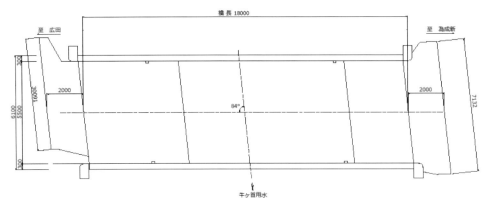

a) 平面図

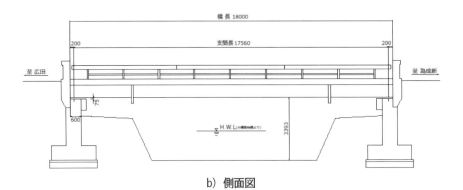

b) 側面図

c) 全景

d) 土工部との境界

e) 床版下面

図-1.1.2　新屋橋の概要および現況

第2章　事前調査および既設橋梁の耐荷力照査

2.1　既設床版の健全性調査

　事前調査として実施した既設床版の健全性調査は，Single i 工法（NETIS 登録番号：HK-150004-A）により実施した．この工法は，極小口径（φ5mm）で穿孔を行った後に特殊カラー樹脂を注入し，硬化後に同位置で再穿孔（φ9mm 程度）を行い．高性能内視鏡によりコンクリート内部のひび割れ等を現場で確認できる微破壊検査工法である．調査状況を**写真**-2.1.1 に，調査位置図を**図**-2.1.1 に，調査結果を**図**-2.1.2～**図**-2.1.6 に示す．

　Single i 工法による調査は，橋軸方向に千鳥配置で計5箇所を行った．調査の結果，橋軸方向両端部の測点（①，③）については，既設コンクリート床版の上面はアスファルト舗装でオーバーレイされており，③の箇所では境界部に樹脂の浸透もみられ，界面はく離が生じている可能性がある．橋軸方向中心部の測点（②，④，⑤）については，路面はコンクリート舗装であるが，既設コンクリート床版との境界部は判別できないため，舗装と床版は同時に施工されたものと推測できる．また，全ての調査箇所において，コンクリート内部にひび割れ等の損傷は無く，既設床版は概ね健全な状態であると判断した．

写真-2.1.1　調査状況（Single i 工法）

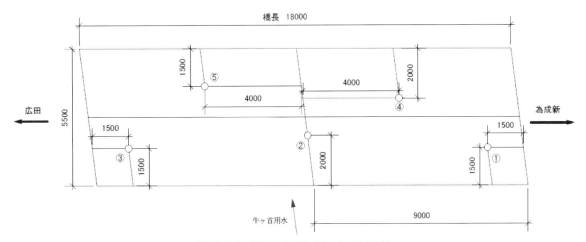

図-2.1.1　調査位置図（Single i 工法）

新屋橋　Single i 調査　①

検 査 日　2018/11/27

作業時間　09：00 ～ 16：00

〇 検査結果

① アスファルト舗装計測厚　　　20 mm

② 床版コンクリート計測厚　　230 mm

③ 穿孔深さ　　　　　　　　　250 mm

（ 記号説明 ）

劣化箇所	記 号
ひび割れ	C
砂利化	G・S
豆板	J

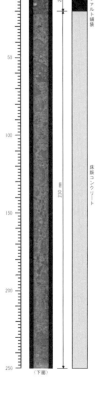

新屋橋　Single i 調査　②

検 査 日　2018/11/27

作業時間　09：00 ～ 16：00

〇 検査結果

① 床版コンクリート計測厚　　170 mm

② 穿孔深さ　　　　　　　　　170 mm

（ 記号説明 ）

劣化箇所	記 号
ひび割れ	C
砂利化	G・S
豆板	J

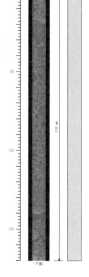

新屋橋　Single i 調査　③

検 査 日　2018/11/27

作業時間　09：00 ～ 16：00

〇 検査結果

① アスファルト舗装計測厚　　　37 mm

② 床版コンクリート計測厚　　218 mm

③ 穿孔深さ　　　　　　　　　250 mm

検査番号	ひび割れ及び劣化箇所		
	記号番号	位置 (mm)	幅 (mm)
No.3	C1	37	0.18

※ ひび割れ等の推計幅は内視鏡及び画像処理ソフトにより計測

（ 記号説明 ）

劣化箇所	記 号
ひび割れ	C
砂利化	G・S
豆板	J

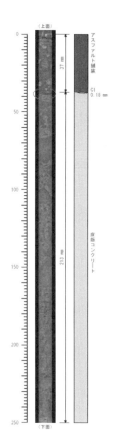

C1　直視

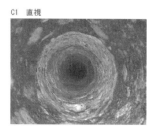

C1　側視

図-2.1.2　調査結果①，②，③（Single i 工法）

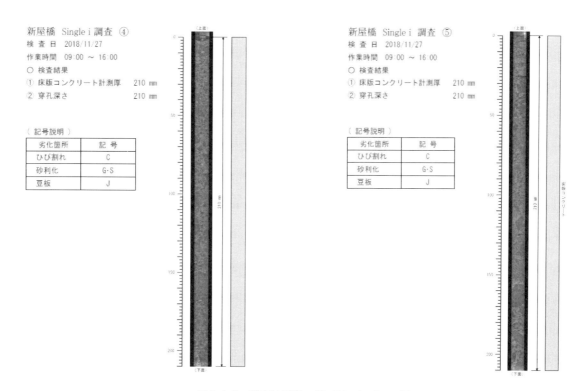

図 2.1.2　調査結果④, ⑤（Single i 工法）

2.2　既設構造物の調査

2.2.1　既往資料と現地調査

　新屋橋については，既存の設計資料は存在しておらず，平成 21 年，27 年の定期点検調書が存在した．資料から得られた情報を下記に，一般図を**図-2.2.1**に，現地写真を**写真-2.2.1～2.2.2**に示す.

橋梁名	新屋橋（あらやばし）
路線名	市道広田新屋線
橋長	18.0m
全幅員	6.1m
有効幅員	5.5m
形式	上部工　単純活荷重合成 H 桁
	下部工　橋台 2 基
付属物	鋼製高欄 h＝800mm，排水桝（直接流下），伸縮装置（突合せ簡易目地）
交差物	牛ヶ首用水（占用申請は土地改良区，占用協議は北陸電力）
竣工年	昭和 43 年（1968 年）4 月
補修等履歴	平成 21 年 定期点検
	平成 27 年 定期点検
現地交通量	大型車は少なくコミュニティーバス程度
気象	冬期積雪あり

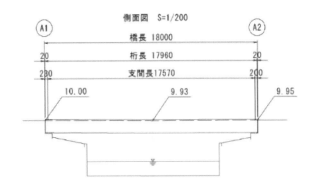
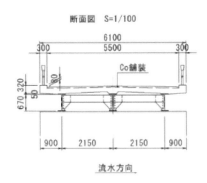
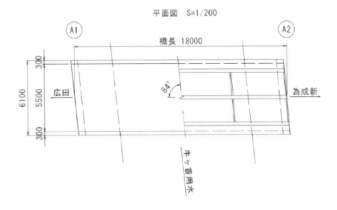

図-2.2.1　新屋橋橋梁一般図（出典：定期点検調書）

写真-2.2.1　新屋橋現地調査写真（上流より）

a）左岸　　　　　　　　　　　　　　　　　　　　b）右岸

写真-2.2.2　新屋橋床版上面（点線区間はアスファルト舗装のすりつけ）

2.2.2　桁断面の調査

　橋面コンクリート舗装を計画するにあたり，主橋体の情報がないことから関係資料と下記事項，および後述する復元設計により単純活荷重合成H桁であると判断した．

・主桁に溶接ビードがなくロールH鋼を使用している．
・橋歴版（**写真-2.2.3**）には，富士製鉄株式会社1968年（昭和43年）4月施工と記載されており，富士製鉄は当時H形鋼橋梁（HBB）を製作していた．
・端対傾構がニーブレース形式，中間対傾構が溝形鋼とHBB標準の形式である．（**写真-2.2.4～2.2.5**）

1968年（昭43年）建造

1964年（昭39年）鋼道路橋設計示方書による二等橋

SM50Y材を使用

写真-2.2.3　橋歴板

3 主桁

写真-2.2.4　主桁と端対傾構

写真-2.2.5　中間対傾構

　合成桁か非合成桁かの判別は，以下の当時の標準設計から活荷重合成桁と推定し，復元設計で確認した．なお，富山県は全域が積雪地，山間部で寒冷地と指定されているため雪荷重を考慮した．

　標準設計について，富士製鐵は，昭和45年に八幡製鐵と合併し，新日本製鐵（現在日本製鉄）となっているため，当時の両社のH形鋼の資料[1,2]より判断した．

　　資料1[1]：昭和40年3月　組立式富士H形鋼橋梁　非合成桁橋 / 合成桁橋，富士製鐵株式会社

　　資料2[2]：昭和42年1月　H-Beam Bridge, H-Beam Bridge-Composite，八幡製鐵株式会社

　上記資料より支間18mのHBB桁は下記断面であることがわかった．

・非合成桁（積雪あり）は，標準設計で下記の仕様であり，現地断面（3-H-692×300）と大きく異なる．

　　資料1[1]で，L=18m，幅員5m，主桁：H-900×300×16×28　- 3本

　　資料2[2]で，L=18m，幅員5.5m，主桁：H-800×300×14×26　- 3本

・合成桁（積雪あり）は，標準設計で下記の仕様である．

資料 1[1)]で，L=18m，幅員 5m，主桁：H-692×300×13×20 - 2 本，カバープレート 360×15

　　　　　　幅員 6m，主桁：H-692×300×13×20 - 3 本，カバープレート 360×11

資料 2[2)]で，L=18m，幅員 5.5m，主桁：H-900×300×16×28 - 2 本

　現地の桁断面は，3-H-692×300 であり，資料 1[1)]の合成桁（L=18m，幅員 6m）と同等である．ただし，実橋にはカバープレートは溶接されていないが，その理由は下記 2 点にあると考え，活荷重合成桁であると推定し，復元設計を行って確認した．

- ・当時の標準設計には幅員 5.5m がなく，6m の配置を優先したと思われる．その場合，標準の地覆幅 400mm に対し現地は 300mm であり，有効幅員が 6m の橋梁に対し全幅で 700mm の幅員縮小となる．
- ・使用材料について，資料 1[1)]では，すべて SS50 材までの使用であるが，実橋の橋歴板には SM50Y が使われている．この材料は当時富士製鐵で FNB36，八幡製鐵で YES36 として製造され，昭和 41 年 7 月 1 日に JIS 化された，SS50 材よりも強度的に 1 ランク上の材料である．

　上記の考察より，全幅員の縮小による荷重低減，強度的に 1 ランク上の SM50Y（現在の表記は SM490Y）材の使用によりカバープレートを省略した可能性が高いことから，**2.3.1 復元設計**を行うことで桁断面の妥当性を確認した．

2.2.3　床版厚の調査

　2.2.2 で示したように富士製鐵の HBB と想定されるため，当時の標準図面（**図-2.2.2～2.2.3**）および Single i 工法の結果より床版断面を推定することとした．

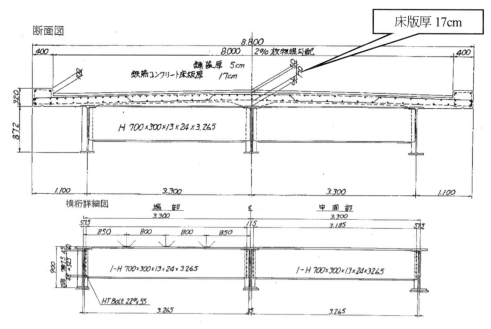

図-2.2.2　標準断面（富士製鐵）[1)]

（注：実橋の端横桁，中間横桁は，非合成桁と同じ形状を採用している．）

標準図の床版細部寸法は，資料[2]より判断すると**図-2.2.3**の形状となる．（縦横異縮尺）

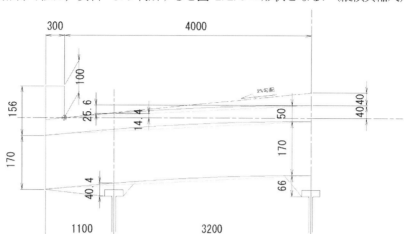

図-2.2.3　標準図における床版細部寸法[2]

図-2.2.3を元に新屋橋の床版を**図-2.2.5**の形状と推定した．（上図より，耳桁のハンチ高が40mm（純ハンチ20mm（**図-2.2.4**））であると仮定）

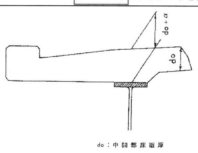

do：中間部床版厚

図-2.2.4　外桁におけるハンチの規格[2]

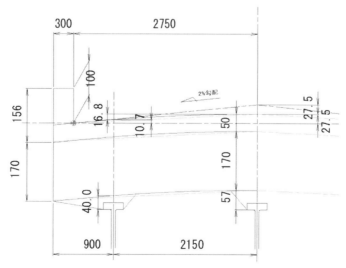

図-2.2.5　新屋橋の床版寸法図（推定）

2.3　既設橋梁の復元と橋面コンクリート舗装厚の検討

2.3.1　復元設計

(1) 主桁断面の復元

主桁断面の復元設計条件は以下のとおりとした.

・合成桁の概略自動設計 (使用ソフト : JSP-4W, JIP テクノサイエンス社) で復元し，発生応力状況を確認した.

・活荷重は設計当時の TL-14 を載荷し，復元計算のため単位は CGS 系を使用した.

・断面形状は**図-2.3.1** とした.

・床版厚 170mm，舗装厚 50mm で現場は一体打ちされているため，床版厚 220mm とした. コンクリートの単位重量は，床版 2.5t/m³，舗装 2.35t/m³ とし，換算して入力した.

・ハンチ : 外桁 40mm，中桁 57mm

・主桁 H 形鋼 : 3-H 692×300×13×20 (SM50Y)

・鋼材重量は材料計上し主桁重量＋6%，高欄重量は当時の図面より材料計上し 35kg/m とした.

・雪荷重 : 100kg/m²

・現状で橋梁両端部のアスファルト舗装のすりつけは将来撤去するため無視した.

・主桁 H 形鋼は現在生産されていない寸法であるため，重量は当時のカタログを参照し，断面定数は同等となるよう調整した.

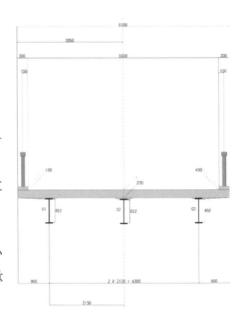

図-2.3.1　解析断面図

主桁断面の復元設計結果を以下に示す.

・計算結果より，想定復元断面(カバープレート無)で 2 等橋としての安全性が確認された.

・支間中央断面の発生応力度

  a.　合成前＋合成後　　　　　　　　1,975kg/cm² ＜ 2,100kg/cm²

  b.　a.　＋クリープ＋乾燥収縮　　　　2,071kg/cm² ＜ 2,100kg/cm²

  c.　b.　＋温度差　　　　　　　　　　2,127kg/cm² ＜ 2,415kg/cm²

  d.　降伏の照査　　　　　　　　　　　3,240kg/cm² ＜ 3,600kg/cm²

  e.　コンクリート圧縮応力度　　　　−38.5kg/cm² ＜ −85.7kg/cm²

(2) 床版配筋の復元

前述の資料 1[1]，資料 2[2] より床版配筋を以下のように想定し，復元設計を行った.

・資料 2[2] より，建設当時は主鉄筋丸鋼φ13ctc100〜150 程度を標準としており，配力筋はその 1/5 の鉄筋量として φ9ctc200〜300 程度が記載されている.

・復元設計には，建設当時の昭和 39 年鋼道路橋設計示方書の床版断面力算出式を用い，2 等橋 T-14 荷重で断面力を算出した. なお，当時の示方書には配力筋の断面力算出式がなく，主鉄筋のみ確認した.

・床版配筋は**図-2.3.2〜2.3.3** のように推定した.

  床版厚 17cm : 主鉄筋丸鋼　φ-13 ctc 125　(As₁=10.616cm²)

        配力筋丸鋼　φ-9 ctc 250　(As₂=2.545cm²　＞1/5As₁=2.123 cm²)

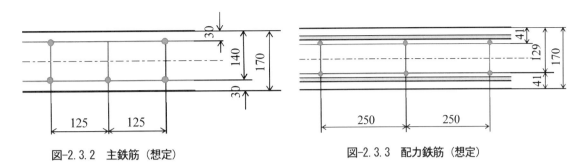

図-2.3.2　主鉄筋（想定）　　　　　　　　　図-2.3.3　配力鉄筋（想定）

　床版配筋の復元設計結果として，想定断面における発生応力度（床版厚170mm，φ13 ctc 125mm）を以下に示す．(M_D：死荷重曲げモーメント，M_L：活荷重曲げモーメント，σ_c：コンクリート圧縮応力度，σ_s：鉄筋引張応力度）

　　張出部：M_D= - 0.537 t·m/m，M_L= - 0.277 t·m/m　　　中間支間部：M_D= 0.250 t·m/m，M_L= 1.01 t·m/m

　　　　　　σ_c= 　- 20 kg/cm^2 ＜ $\sigma_{ck}/3.5$= 86 kg/cm^2　　　　　σ_c= - 37 kg/cm^2 ＜ $\sigma_{ck}/3.5$= 86 kg/cm^2

　　　　　　σ_s= 　546 kg/cm^2 ＜ σ_{sa}=1400 kg/cm^2　　　　　　σ_s= 977 kg/cm^2 ＜ σ_{sa}=1400 kg/cm^2

2.3.2　橋面コンクリート舗装厚の検討

（1）検討方針

　橋面コンクリート舗装を施工するにあたり，床版および既設のコンクリート舗装が健全であることから，路面切削は行わない方針とした．したがって，施工性の観点から橋面コンクリート舗装の最低厚を 20mm と想定し，20mm 増厚時と，30mm 増厚時の 2 ケースについて，2.3.1 と同じ概略自動設計により主桁応力度を確認した．なお，橋面コンクリート舗装の単位重量は，無筋コンクリートと同じ 2.35t/m^3 とした．

（2）検討結果

　主桁応力度の試算結果を以下に示す．

　　・20mm 増厚時・・・発生応力度は制限値内である．
　　　　a．合成前＋合成後　　　　　　　　　1,997kg/cm^2 ＜ 2,100kg/cm^2
　　　　b．a．＋クリープ＋乾燥収縮　　　　2,099kg/cm^2 ＜ 2,100kg/cm^2
　　・30mm 増厚時・・・クリープ乾燥収縮考慮時に発生応力度が制限値をわずかに超過する．
　　　　a．合成前＋合成後　　　　　　　　　2,015kg/cm^2 ＜ 2,100kg/cm^2
　　　　b．a．＋クリープ＋乾燥収縮　　　　2,119kg/cm^2 ＞ 2,100kg/cm^2（207.7N/mm^2 ＞ 205.8 N/mm^2）

　上記の検討結果から，20mm 増厚時は設計上問題なく，30mm 増厚時は制限値を若干超過（許容応力度に対し 0.9%）することがわかった．道路管理者との協議により，応力度の超過は僅かであり実用上問題ないと考えられることから，橋面コンクリート舗装の施工厚は 30mm とした．

（3）橋面コンクリート舗装厚と路面線形への対応

　新屋橋は，両岸よりやや低い位置に架橋されており，路面を 30mm 嵩上げすることは道路縦断線形上好ましい方向となるものの，取付け道路との若干のすりつけは必要である．すりつけについては，取付け土工にて対応することとした．排水については，端部の増厚しない部分を導水帯として残し，排水桝は既存の桝を利用することとした．

2.4　橋面コンクリート舗装の性能照査（耐荷性・疲労耐久性）

　道路橋示方書・同解説（平成 29 年 11 月）[3][4]およびコンクリートライブラリー150 セメント系材料を用いたコンクリート構造物の補修・補強指針[5]を参照に，中間支間床版における曲げモーメント，せん断力に対する耐荷性，疲労耐久性の向上および安全性を確認する．

2.4.1　曲げモーメントに対する既設 RC 床版の耐荷性・疲労耐久性向上の検討

（1）曲げモーメントに対する耐荷性向上の確認

　道路橋示方書・同解説[3]にしたがって，橋面コンクリート舗装施工による耐荷性の向上を確認する．床版厚 17cm と既設 5cm のコンクリート舗装の上に 3cm の橋面コンクリート舗装を重ねた**図-2.4.1** に示す床版断面で計算を行う．活荷重として A 活荷重（後輪 100kN）を載荷する．

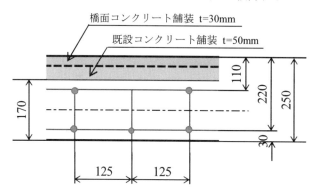

図-2.4.1　橋面コンクリート舗装施工後の中間支間床版主鉄筋断面（想定）

1）限界状態 1

設計曲げモーメント Md

$$M_d = \gamma_p \cdot \gamma_q \cdot M_L + \gamma_p \cdot \gamma_q \cdot M_D = 29.2 \text{ kN·m/m}$$

　　　$\gamma_p \cdot \gamma_q \cdot M_L$：T 荷重に対する設計曲げモーメント

　　　　（γ_p：荷重組合せ係数 1.00, γ_q：荷重係数 1.25, $M_L = 20.99$ kN·m/m）

　　　$\gamma_p \cdot \gamma_q \cdot M_D$：死荷重に対する設計曲げモーメント

　　　　（γ_p：荷重組合せ係数 1.00, γ_q：荷重係数 1.05, $M_D = 2.83$ kN·m/m）

部材降伏に対する曲げモーメントの制限値 Myd

$$M_{yd} = \xi_1 \cdot \phi_y \cdot M_{yc} = 37.6 \text{ kN·m/m}$$

　　　ξ_1：調査・解析係数 0.90, ϕ_y：抵抗係数 0.85

　　　M_{yc}：降伏曲げモーメント特性値 49.1 kN·m/m

照査

$$M_d = 29.2 \text{ kN·m/m} \leqq M_{yd} = 37.6 \text{ kN·m/m} \qquad \text{OK}$$

2）限界状態 3

設計曲げモーメント Md

$$M_d = \gamma_p \cdot \gamma_q \cdot M_L + \gamma_p \cdot \gamma_q \cdot M_D = 29.2 \text{ kN·m/m}$$

　　　$\gamma_p \cdot \gamma_q \cdot M_L$：T 荷重に対する設計曲げモーメント

　　　　（γ_p：荷重組合せ係数 1.00, γ_q：荷重係数 1.25, $M_L = 20.99$ kN·m/m）

$\gamma_p \cdot \gamma_q \cdot M_D$：死荷重に対する設計曲げモーメント

（γ_p：荷重組合せ係数 1.00，　γ_q：荷重係数 1.05，　M_D = 2.83 kN·m/m）

部材破壊に対する曲げモーメントの制限値 Mud

$M_{ud} = \xi_1 \cdot \xi_2 \cdot \phi_u \cdot M_{uc} = 34.8$ kN·m/m

ξ_1：調査・解析係数 0.90　　ξ_2：部材・構造係数 0.90

ϕ_y：抵抗係数 0.80　M_{uc}：破壊抵抗曲げモーメント特性値 53.7 kN·m/m

照査

$M_d = 29.2$ kN·m/m　　$\leqq$　$M_{ud} = 34.8$ kN·m/m　　　OK

　上記の試算により，中間支間床版部の耐荷性が向上し，道路橋示方書・同解説[3]に示される曲げモーメントを受ける床版の限界状態 1，3 における安全性が確認された．

(2) 曲げモーメントに対する疲労耐久性向上の確認

　橋面コンクリート舗装施工による疲労耐久性の向上を確認する．道路橋示方書・同解説[3]にしたがって，既設床版と橋面コンクリート舗装が一体化した断面における曲げ応力度の改善と，内部鋼材の腐食に対するかぶりコンクリート部のひび割れ制御（主鉄筋引張応力度）を確認する．（死荷重に対しては橋面コンクリート舗装施工前の断面で，活荷重に対しては施工後の断面で算出．）

　疲労に対する床版曲げモーメント M_{d1}

$M_{d1} = M_D + M_L = 2.83 + 20.99 = 23.82$ kN·m/m

鋼材腐食に対する床版曲げモーメント M_{d2}

$M_{d2} = M_D = 2.83$ kN·m/m

照査

$\sigma_c = 3.7$ N/mm² $\leqq$ $\sigma_{ck}/3.5 = 8.6$ N/mm²　　　疲労に対するコンクリートの曲げ圧縮応力度照査 OK

$\sigma_s = 111.3$ N/mm² $\leqq$ $\sigma_{sa} = 120$ N/mm²　　　疲労に対する鉄筋の曲げ引張応力度照査 OK

$\sigma_s = 15.5$ N/mm² $\leqq$ $\sigma_{sa} = 100$ N/mm²　　　鋼材腐食に対する鉄筋の曲げ引張応力度照査 OK

　中間支間床版における鉄筋の発生応力度は，同じ断面力における 17cm 床版の発生応力度（184.7 N/mm²）の 60%程度まで改善して制限値を満足し、疲労耐久性の向上が確認された．その他の照査も制限値を満足した．

　ただし，張出部床版においては，橋面コンクリート舗装が，引張側断面である上面を増厚することから改善効果がなく，また，配力筋は設計年次が古く配筋量が極端に少ないため，発生応力度は中間支間床版主鉄筋程度改善されるが，現行示方書の制限値に収まるまでの改善には至らない．したがって，対象床版にこれらの補強が必要な場合は，別途補強を目的とした対策工法を検討する必要がある．

2.4.2　せん断力に対する既設 RC 床版の耐荷性・疲労耐久性向上の検討

(1) 押抜きせん断耐力[5]の向上

　上面増厚工法[5]の解 6.4.1 式（後述）による押抜きせん断耐力から，橋面コンクリート舗装施工による耐荷性の向上を確認する．なお，橋面コンクリート舗装の圧縮強度については，安全側に評価し床版コンクリートと同等として試算した．

$$P_{0d} = [f_v\{2(a + 2x_m)x_d + 2(b + 2x_d)x_m\} + f_t\{2(a + 2d_m)C_d + 2(b + 2d_d + 4C_d)c_m\}]/\gamma_d \qquad \text{(解6.4.1)}$$

ここに
P_{0d} : 設計押抜きせん断耐力(N)

a, b : 載荷板の主鉄筋、配力筋方向の辺長(mm)

x_m, x_d : 主鉄筋,配力鉄筋に直角な断面の引張鉄筋コンクリートを無視した時の中立軸深さ(mm)

d_m, d_d : 引張側主鉄筋,配力鉄筋の有効深さ(mm)

C_m, C_d : 引張側主鉄筋,配力鉄筋のかぶり深さ(mm)

f_v : コンクリートのせん断強度(N/mm²) $f_v = 0.656 f_{cd}'^{0.606}$

f_t : コンクリートの引張強度(N/mm²) $f_t = 0.269 f_{cd}'^{2/3}$

f_{cd}' : コンクリートの圧縮強度(N/mm²)

γ_d : 一般に1.3としてよい

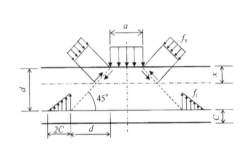
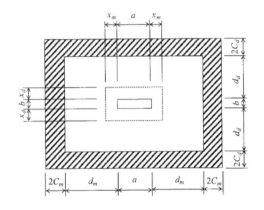

表-2.4.1 橋面コンクリート施工による押抜きせん断耐力の向上

		新屋橋（17cm床版）	新屋橋(+5cmCo舗装)	新屋橋(+3cmCo舗装)	
		a	b=a+5cm	c=b+3cm	
床版厚	(mm)	170	220	250	
a	(mm)	500	500	500	
b	(mm)	200	200	200	
x_m	(mm)	52.7	63.5	69.3	
x_d	(mm)	27.8	33.3	36.3	
d_m	(mm)	140	190	220	かぶりは鉄筋中心で3cm[2]
d_d	(mm)	129	179	209	主筋φ13ctc125,配力筋φ9ctc250
C_m	(mm)	23.5	23.5	23.5	鉄筋中心から3cm
C_d	(mm)	36.5	36.5	36.5	
f_{cd}'	(N/mm²)	30.000	30.000	30.000	$\sigma_{ca}=80 < \sigma_{28}/4(=320>)$[1]
f_v	(N/mm²)	5.153	5.153	5.153	
f_t	(N/mm²)	2.597	2.597	2.597	
P_{0d}	(N)	482,733	584,083	642,413	
比率		1.000	1.210	1.331	
		-	1.000	1.100	

　表-2.4.1より，押抜きせん断耐力については，17cm床版に対して33%程度，5cmコンクリート舗装を考慮した22cm床版に対して約10%程度の耐荷力向上を確認した.

(2) 押抜きせん断力を受ける版部材の限界状態照査

　道路橋示方書・同解説[4]による押抜きせん断力を受ける床版の限界状態照査から，橋面コンクリート舗装施工による耐荷性の向上を確認する．下記の解説式（5.7.1）[4]にしたがい限界状態3の照査を行う．

$$P_{pud} = \xi_1 \cdot \xi_2 \cdot \Phi_{ps} \cdot P_{pu} \quad ------------------ \quad (5.7.1)$$

ここに　　　　P_{pud}　：押抜きせん断力の制限値(N)

　　　　　　　P_{pu}　：押抜きせん断力の特性値(N)

$$P_{pu} = k \cdot b_p \cdot d \cdot \tau_{pc}$$

　　　k　：補正係数 1.70

　　　b_p　：載荷面から部材有効高の1/2離れた面へ45°投影した形状の外周長(mm)

　　　d　：部材断面の有効高(mm)

　　　τ_{pc}　：押抜きせん断応力度の基本値(N/mm²)

　　ξ_1　：調査解析係数（表-5.7.2）

　　$\xi_2 \cdot \Phi_{ps}$　：部材・構造係数と抵抗係数の積（表-5.7.2）

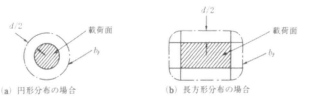

(a) 円形分布の場合　　　　　(b) 長方形分布の場合

図-5.7.1　式（5.7.2）における b_p のとり方

表-2.4.2　押抜きせん断力の制限値

		新屋橋（17cm 床版） a	新屋橋(+5cmCo 舗装) b=a+5cm	新屋橋(+3cmCo 舗装) c=b+3cm
k		1.70	1.70	1.70
b_p	(mm)	1,840	1,997	2,091
d	(mm)	140	190	220
τ_{pc}	(N/mm²)	1.0	1.0	1.0
P_{pu}	(N)	437,920	645,031	782,034
ξ_1		0.9	0.9	0.9
$\xi_2 \cdot \Phi_{ps}$		0.85	0.85	0.85
P_{pud}	(N)	335,009	493,449	598,256
比率		1.000	1.473	1.786
		-	1.000	1.212

　表-2.4.2 より，版部材の押抜きせん断耐力の制限値においては，17cm床版に対して79%程度，5cmコンクリート舗装を考慮した22cm床版に対して21%程度の耐荷力向上を確認した．また，制限値 P_{pud} は輪荷重(100kN)に比べ十分大きく，道路橋示方書・同解説[4]における限界状態3を満足することも確認できた．

(3) 押抜きせん断疲労耐力[5]の向上

　上面増厚工法[5]の解6.4.4式（後述）面部材の押抜きせん断疲労耐力（梁状化した押抜きせん断耐力）

から，橋面コンクリート舗装施工による疲労耐久性の向上を確認する．(**表-2.4.3**)

$$P_{sxd} = P_{sx}/\gamma_b \qquad\qquad\qquad (\text{解 } 6.4.4)$$

$$P_{sx} = 2B(f_v x_m + f_t C_m) \qquad\qquad (\text{解 } 6.4.5)$$

ここに，　　　P_{sxd}　：梁状化した床版の設計押抜きせん断耐力(N)，γ_b：部材係数 1.3

　　　　　　　P_{sx}　：梁状化した床版の押抜きせん断耐力 (N)

　　　　　　　B　　：梁状化の梁幅(=b+2d_d)

表-2.4.3　橋面コンクリート施工による押抜きせん断疲労耐力の向上

		新屋橋（17cm 床版）	新屋橋(+5cmCo 舗装)	新屋橋(+3cmCo 舗装)
		a	b=a+5cm	c=b+3cm
B	(mm)	458	558	618
Psx	(kN)	304.655	433.281	516.812
$Psxd$	(kN)	234.350	333.293	397.547
比率		1.000	1.422	1.696
		-	1.000	1.193

表-2.4.3 より，押抜きせん断疲労耐力（梁状化した押抜きせん断耐力）については，17cm 床版に対して 70%程度，5cm コンクリート舗装を考慮した 22cm 床版に対して 19%程度の疲労耐力向上を確認した．

(4) 床版の最小全厚規定について

(1)〜(3)の試算の他に，道路橋示方書・同解説[3]によると，押抜きせん断力を受ける床版が限界状態1，3 を越えない条件および疲労耐久性を確保する条件として，床版の最小全厚を確保することとなっている．整理した結果を**表-2.4.4**に示す．

表-2.4.4　床版の最小全厚

車道部分の床版最小全厚 道路橋示方書 Ⅱ11.5		T荷重に対する床版支間 L (m)	床版最小全厚 d_0 (mm)	大型車係数 k_1	支持桁の剛性による係数 k_2	必要床版厚 $d=k_1 k_2 d_0$ d (mm)	新屋橋床版厚 170 (mm)	既設コンクリート舗装考慮 (+50mm) 220 (mm)	橋面コンクリート舗装施工 (+30mm) 250 (mm)
連続版	30L+110	2.15	175	1.10	1.00	193	×	OK	OK
片持版	80L+210	0.275	232	1.10	1.00	255	× (ハンチ 20mm)	× (ハンチ 20mm)	OK (ハンチ 20mm)

上記の整理から，橋面コンクリート舗装施工により床版の最小全厚規定は満足されるため，押抜きせん断力に対する限界状態1,3 および疲労耐久性を満足するものと考えられる．

2.4.3　既設 RC 床版の耐荷性，疲労耐久性向上の検討結果

本検討では，2.4.1 および 2.4.2 に示すように，30mm 厚の橋面コンクリート舗装を施工した場合の，中間支間床版における曲げモーメント，せん断力に対する耐荷性，疲労耐久性の向上および安全性を確認した．その結果，新屋橋の中間支間床版においては，耐荷性および疲労耐久性が向上し，道路橋示方書・

同解説 [3]に示される制限値を満足し，限界状態を満足する状態まで改善されたと考えられる．なお，耐荷性の向上効果（床版補強効果）については，施工前後のたわみ量を測定して確認することとした．

【第 2 章　参考文献】

1)　組立式富士 H 形鋼橋梁 活荷重合成桁橋／非合成桁橋，富士製鐵株式会社，昭和 40 年 3 月

2)　H-Beam Bridge, H-Beam Bridge-Composite，八幡製鐵株式会社，改訂版 昭和 42 年 1 月

3)　日本道路協会：道路橋示方書・同解説 II 鋼橋・鋼部材編，pp284-337，平成 29 年 11 月

4)　日本道路協会：道路橋示方書・同解説 III コンクリート橋・コンクリート部材編，pp123-129, pp136-148，平成 29 年 11 月

5)　土木学会：セメント系材料を用いたコンクリート構造物の補修・補強指針，コンクリートライブラリー150，上面増厚工法 pp59-90，付属資料 上面増厚工法編 pp161-182

第3章　施工計画

3.1　施工仕様

　新屋橋に適用する橋面コンクリート舗装は，道路橋床版の長寿命を目的とした橋面コンクリート舗装に期待される性能（耐荷性・疲労耐久性の向上，物質浸透抵抗性の確保，走行性能の確保，床版との一体性の確保）を満足することができると考えられる材料を適用することとし，2 章の事前調査および既設橋梁の耐荷力照査の結果（既設床版は概ね健全，増厚施工は 30mm が限度）を考慮したうえで，超速硬型高靱性繊維補強コンクリート（本ガイドラインの資料編 2 を参照）を選定した．新屋橋における橋面コンクリート舗装の試験施工は，新屋橋橋面補修工事として富山市建設部橋りょう保全対策課より発注され，富山市を地元とする株式会社婦中興業が受注，株式会社トクヤマエムテックが施工を担当した．新屋橋に適用する橋面コンクリート舗装の施工仕様を表-3.1.1 に示す．

表-3.1.1　橋面コンクリート舗装の施工仕様

工　程	方　法	使用量等
下地処理	スチールショットブラスト	投射密度：150kg/m² 既設床版の切削は行わない．
接着材塗布	エポキシ樹脂系接着材	塗布量：1.2kg/m² で全面塗布する．
舗装材打設	超速硬型高靱性繊維補強コンクリート	施工厚：30mm（前後舗装面との擦付けは不要） 排水勾配を 2％程度確保する．
被膜養生	エチレン酢酸ビニルエマルション	3 倍希釈液を 0.15kg/m² 塗布 コテ押え後ほうき目仕上げ．
露出境界面 の保護	結晶性層状ケイ酸塩含有無機系防水材	塗布量：1.7kg/m² 排水溝内面に露出した打設境界面に塗布する．

3.2　使用材料

（1）コンクリート

　コンクリートとしては，超速硬型高靱性繊維補強コンクリートを使用することとした．超速硬型高靱性繊維補強コンクリートは，プレミックスモルタルの A 材，粗骨材の B 材，ポリプロピレン繊維で構成されている．コンクリートの組成を表-3.2.1 に，配合を表-3.2.2 に，代表物性を表-3.2.3 に示す．

表-3.2.1　コンクリートの組成

名　称	種　類	組　成
超速硬型高靱性繊維補強 コンクリート	A材	モルタル（超速硬セメント，混和材，粉末減水剤，硅砂）
	B材	粗骨材（石灰石骨材（最大寸法：13mm））
	繊維	ポリプロピレン繊維（繊維長：24mm）

表-3.2.2　コンクリートの標準配合

W/B	繊維混入率	配合（kg/m³）			
（%）	（vol%）	A材（モルタル）	B材（粗骨材）	PP繊維	水
35.9	2.5	1,430	759	22.7	189

表-3.2.3　コンクリートの代表物性

単位容積質量	圧縮強度	静弾性係数	長さ変化率	曲げ強度	曲げ靭性係数
（kg/L）	（N/mm²）	（kN/mm²）	（%）	（N/mm²）	（N/mm²）
2.29	64.7	36.2	0.021	9.2	8.1

(2) 接着材

　既設床版コンクリートとの一体性や舗装面からの劣化因子の浸透抑制を目的に，エポキシ樹脂系接着材を全面塗布することとした．

(3) 被膜養生剤

　打設直後の橋面コンクリート表層の急激な乾燥を防ぐため，エチレン酢酸ビニルを主成分とする被膜養生剤を使用することとした．

(4) 露出境界面の保護

　本試験施工では，既設床版コンクリート上にコンクリートを増厚することになるため，排水溝内面に新旧コンクリート打継ぎ面が露出することになる．この露出面における水分や劣化因子の浸入を懸念し，結晶性層状ケイ酸塩含有無機系防水材で保護することとした．

3.3　使用機械

(1) コンクリートの製造

　コンクリートの製造には，材料ホッパ，搬送装置，計量ミキサーを車載した小型現場練り製造装置（練混ぜ量：0.2m³/バッチ）を使用することとした．コンクリート製造装置の外観を**写真-3.3.1**に示す．

写真-3.3.1　コンクリート製造装置

(2) 締固め

　コンクリートの締固めには，移動式締固め装置を使用することとした．移動式締固め装置は，移動用レー

ルを敷くことなく，アンカーとリード線で正確に移動させることが可能で，鋼製のため剛性が高くたわみを生じないことから精度の高い締固めができる．移動締固め装置の外観を**写真**-3.3.2に示す．

写真-3.3.2　締固め装置

3.4　施工フロー

試験施工の施工フローを**図**-3.4.1に示す．

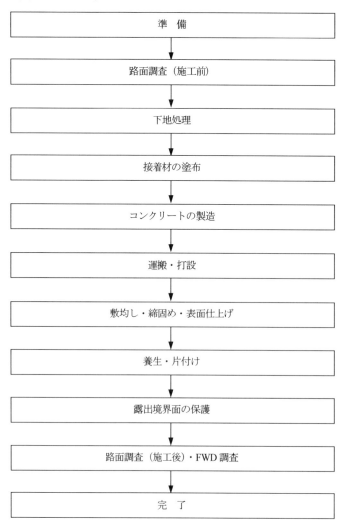

図-3.4.1　施工フロー

第4章　施　工

4.1　施工概要

　当初，施工日程を10月1～4日で計画したものの，台風の接近の影響により下地処理以降の計画変更を強いられた．コンクリートの施工は，当初2日間に渡って片側一車線ずつ施工することとしていたが，日数を1日に短縮し施工することとした．それ以降の工程も断続的な雨天や北陸新幹線の運休があったため，FWDによるたわみ測定及び施工後の路面調査は順次，延期することとした．施工日程と実施内容の概要を**表-4.1.1**に示す．

表-4.1.1　施工日程と実施内容の概要

日　時	実施内容
9月30日（月）13：00～	アスファルト舗装によるオーバレイ撤去
10月1日（火）13：00～	路面調査（施工前）
10月2日（水）9：00～	下地処理（スチールショットブラスト）
↓	台風18号の接近により全作業中断
10月6日（日）14：00～	施工面清掃，施工割調整，型枠設置
10月7日（月）10：00～	コンクリート打設（～17時），マスコミ取材対応（10～12時）
10月9日（水）10：00～	FWD調査
↓	台風19号の接近により施工後の路面調査を延期
10月20日（日）9：00～	路面調査（施工後），露出境界面の保護

　なお，コンクリート打設時には多くのマスコミ取材を受け，後日，以下のメディアにて本試験施工の概要が報道されている．
- ・NHK富山，「富山市 新技術で橋の耐久性高める補修工事」，10月7日付
- ・富山テレビ，「橋の改修を新技術で実証実験」，10月7日付
- ・富山新聞，「橋梁長寿命化に新技術」，10月8日付
- ・北日本新聞，「橋の舗装を試験施工」，10月8日付
- ・日刊建設工業新聞，「新屋橋で試験施工」，10月8日付
- ・コンクリート新聞，「土木学会 富山で橋面舗装」，2019年10月17日号
- ・橋梁新聞，「土木学会小委が富山市・新屋橋で試験施工」，2019年12月1日，第1407号
- ・道路構造物ジャーナルNET，「橋面補修と橋面コンクリート舗装を両立」，2019年10月30日掲載

4.2　下地処理

　アスファルト舗装によるオーバーレイ部に残存するアスファルト乳剤と，既設コンクリート舗装表面の脆弱部を除去するために，投射密度150kg/m²でショットブラスト処理を行った．部分的にアスファルト乳剤が除去しきれなかった部分が見受けられたため，人力（高速多針タガネ）にて除去した．下地処理の状況を**写**

真-4.2.1 に示す.

a) ショットブラスト装置

b) ショットブラスト処理状況

c) 人力による乳剤除去

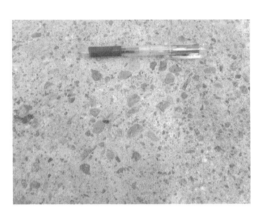

d) ショットブラスト処理完了

写真-4.2.1　下地処理の状況

4.3　接着材の塗布

　接着材には，エポキシ樹脂系接着剤を使用し，塗布量 1.2kg/m² で全面塗布した. 接着剤の塗布状況を**写真 -4.3.1** に示す.

a) 塗布状況（北側車線，午前）

b) 塗布状況（南側車線，午後）

写真-4.3.1　接着材の塗布状況

4.4　コンクリートの製造

　使用したコンクリート製造装置は，セメント用，細骨材用及び粗骨材用の各サイロと計量ミキサーへの搬送装置，練混ぜ水用タンクで構成されている．橋面コンクリートの製造に先立ち，施工当日の環境を考慮して遅延剤の添加量を決定し，あらかじめ用意しておいた練混ぜ水に溶解させて，練混ぜ水用タンクに充填した．その後，プレミックスモルタル（A 材）をセメント用サイロに，粗骨材（B 材）を粗骨材用サイロにそれぞれ充填し，橋面コンクリートの製造を開始した．

　製造手順としては，粗骨材，プレミックスモルタルの順で計量ミキサーに投入して空練りを 30 秒行った後，遅延剤を溶解させた練混ぜ水を投入して 60 秒練混ぜた．その後，計量ミキサーに手作業でポリプロピレン繊維を投入後，さらに 120 秒練混ぜを行い排出した．コンクリートの計量値を**表-4.4.1**に，製造状況を**写真-4.4.1**に示す．

表-4.4.1　コンクリートの計量値

W/B	繊維混入率	計量値（kg/バッチ）					練上り量
%	vol%	A材	B材	水	遅延剤	繊維	
35.9	2.5	285.8	151.7	38.0	0.53	4.55	約200L

a) 繊維投入状況　　　　　　　　　　　　b) 排出状況

写真-4.4.1　コンクリートの製造状況

　コンクリートの製造は，1バッチ当たりの練混ぜ量を200Lとし，混合時間は，材料投入から排出まで約15分程度を要した．プレミックスモルタルを容量の小さいセメント用サイロに充填していることから，モルタルの投入・計量に約120秒を要したこと，繊維を手投入するために練混ぜを一旦止める必要があったこと，排出したコンクリートを一輪車に小分けしたことなどが混合時間を長引かせた要因と考えられた．なお，橋面コンクリートの時間当たりの打設量は，**表-4.4.2**に示す通り約0.7m³/時となった．

表-4.4.2　コンクリートの打設量

時：分	作業内容	打設量	打設速度
10：30	製造開始（北側車線）	1.4m³ (7バッチ)	0.76m³/時
10：40	品質管理試験（フレッシュ性状）		
12：20	打設完了（北側車線）		
14：20	製造開始（南側車線）	1.4m³ (7バッチ)	0.70m³/時
14：45	品質管理試験（強度試験用供試体採取）		
16：20	打設完了（南側車線）		
17：45	品質管理試験（材齢3時間強度測定）	―	―

4.5　敷きならし，締固め及び表面仕上げ

　製造したコンクリートは人力で粗くならした後，移動式締固め装置で敷きならし，締固めを行った．締固め後には，被膜養生剤をジョウロで散布しながらコテ押えし，刷毛で引いて表面を仕上げた．敷きならし及び締固めの状況を**写真-4.5.1**に，表面仕上げ状況を**表-4.5.2**に示す．

写真-4.5.1　敷きならし及び締固め状況　　　　写真-4.5.2　表面仕上げ状況

4.6　露出境界面の保護

　排水溝内側面に露出した新旧コンクリート打継ぎ面に，防水セメントを塗布量 1.7kg/m²で刷毛塗りし，露出境界面の保護を行った．施工状況を**写真-4.6.1**に示す．

a）塗布状況　　　　　　　　　　　　　　　　b）塗布完了

写真-4.6.1　露出境界面の保護状況

4.7　品質管理試験結果

　品質管理試験結果の一覧を**表-4.7.1**に，品質管理試験状況を**写真-4.7.1**に示す．施工されたコンクリートは，フレッシュ性状，材齢3時間圧縮強度ともに管理基準をおおむね満足した．また，施工後のFWD調査実施に先立って測定した模擬コンクリート版による材齢 2日時の付着強度も2.7N/mm²と充分な付着強度を発現した．

表-4.7.1　品質管理試験結果

項目		試験結果	管理基準	試験方法
フレッシュ性状	温度	26.0℃	―	温度計
	スランプ	15.0cm	12.0±2.5cm	JIS A 1101
	空気量	2.7%	2.5±1.5%	JIS A 1128
圧縮強度	材齢 3時間	34.3N/mm²	24.0N/mm²以上	可搬型簡易試験機
	材齢28日	61.1N/mm²	―	JIS A 1108
静弾性係数	材齢28日	38.2kN/mm²	―	JIS A 1149
付着強度	材齢 2日	2.70N/mm²	―	建研式

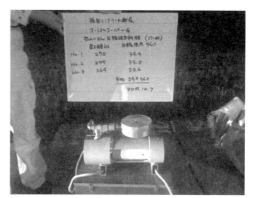

a）フレッシュ性状　　　　　　　　　　　　b）材齢 3時間圧縮強度

写真-4.7.1　品質管理試験状況

4.8　出来形

　台風の影響により計画の変更を余儀なくされたが，コンクリート施工時は天候に恵まれ，ワーカビリティも良く，計画通りに打設できた．コンクリートには，長さ24mmの繊維を使用したためか，計画した30mmの施工厚では一部で繊維の毛羽立ちが目立ったが，移動式締固め装置による精度の高い締固めがなされ，平たん性の高い出来形となった．**写真-4.8.1**に施工前後の路面状況を示す．

a）施工前　　　　　　　　　　　　　　b）施工後

写真-4.8.1　施工前後の路面状況

第 5 章　路面調査

5.1　調査概要

新屋橋において試験施工を実施した橋面コンクリート舗装について，所定の走行性能を確保していることを確認すること，施工前後の走行性能の変化を確認することを目的に路面調査を実施した．路面調査の概要を**表-5.1.1**に示す．

表-5.1.1　路面調査の概要

調査項目	調査方法	調査日
ひび割れ・はく離・浮き	目視および打音	施工前調査：2019.10. 1
平たん性	MRP（マルチロードプロファイラ）	試験施工日：2019.10. 7
横断勾配・わだち掘れ	MRP（マルチロードプロファイラ）	施工後調査：2019.10.20
表面粗さ	サンドパッチング法	
すべり抵抗	振り子式スキッドレジスタンステスタ（BPN） DFテスタ（動的摩擦係数）	

5.2　調査位置

新屋橋は，片側 1 車線の比較的幅員の狭い橋梁であり，通行車両は中央ライン付近を走行すると予想されたため，幅員の中央付近に調査位置を設けた．調査位置図を**図-5.2.1**に示す．

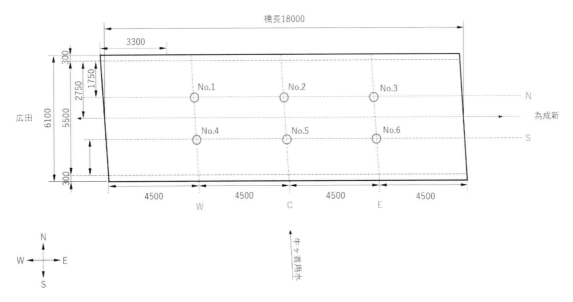

図-5.2.1　調査位置図

5.3　ひび割れ・はく離・浮き

　目視および打音により，施工前後のひび割れ・はく離・浮きの調査を実施した．調査状況を写真-5.3.1に，施工前後のひび割れ調査結果を**図-5.3.1**に示す．

　施工前の段階において，長さ700mm程度のひび割れが確認されたものの，その他の箇所にひび割れはなく，はく離や浮きもないため，比較的健全な状態であると確認された．また，施工後においてはひび割れ・はく離・浮きは確認されなかった．

写真-5.3.1　調査状況（ひび割れ・はく離・浮き）

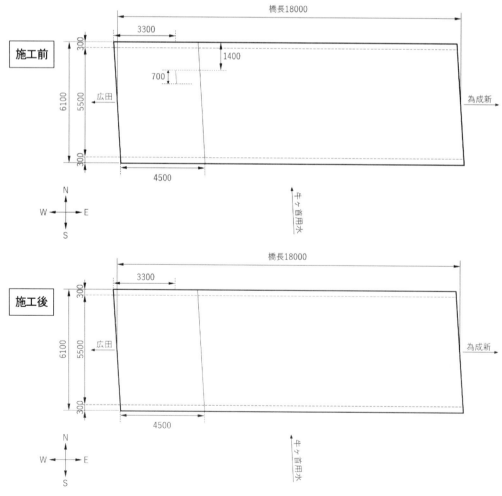

図-5.3.1　ひび割れ図

5.4　平たん性

　マルチロードプロファイラ（MRP）により，施工前後の平たん性測定を実施した．調査状況を**写真-5.4.1**に，平たん性の測定結果を**図-5.4.1**に示す．

　平たん性は測定延長が短いため参考値であるが，規格値2.4mm以下は満足しなかった．施工前の既設舗装に比べて0.9mm小さくなっており，平たん性は改善された．

写真-5.4.1　調査状況（平たん性）

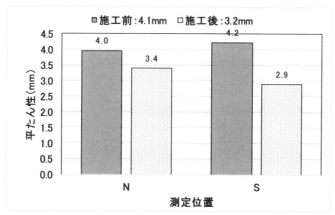

図-5.4.1　平たん性の測定結果

5.5　横断勾配・わだち掘れ

　マルチロードプロファイラ（MRP）により，施工前後における横断方向の路面プロファイルを実施した．調査状況を**写真-5.5.1**に，測定結果の一例を**図-5.5.1**に示す．図は測線Cにおける施工前後の測定結果である．施工後は舗装厚30mm分かさ上げした．横断プロファイルから求めた横断勾配を**図-5.5.2**に示す．

　既存の床版面の横断勾配が約2%であり，施工後の横断勾配はほぼ同じ勾配であることを確認した．わだち掘れについては，今回の調査結果を初期値とし，今後の追跡調査にてタイヤ走行によるすり減りを確認する予定であるが，施工前の表面の横断プロファイルを見る限りは明確なわだち掘れは生じていなかった．この理由として，大型車両の走行が少ないこと，および幅員が5.5mと狭く，明確な二車線道路ではないことから，対向車が来ないときには，ほぼ道路の中央付近を走行することが多く，走行位置が不確定であるためと考えられる．

写真-5.5.1　調査状況（横断方向の路面プロファイル）

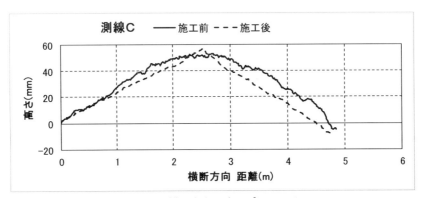

図-5.5.1　横断方向の路面プロファイル

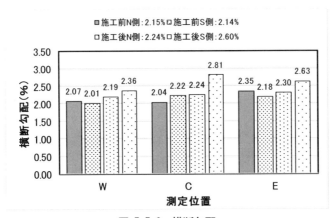

図-5.5.2　横断勾配

5.6　表面粗さ

　サンドパッチング法により，施工前・SB（ショットブラスト）後・施工後の表面粗さ測定を実施した．調査状況を**写真-5.6.1**に，表面粗さの測定結果を**図-5.6.1**および**図-5.6.2**に示す．測点毎のバラツキはあったものの，施工前の表面粗さが1.29mm，SB後のそれが2.00m，施工後が0.43mmであった．施工後の出来形については，施工前と比較して表面粗さが0.8mm程度低下しており，比較的凹凸の少ない仕上りであったと判断できる．

写真-5.6.1　調査状況（表面粗さ測定）

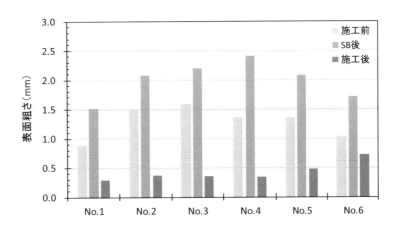

図-5.6.1　表面粗さの測定結果（測点毎）

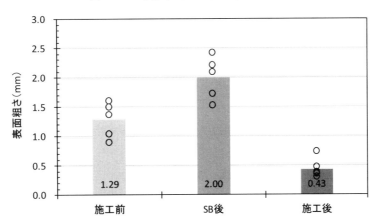

図-5.6.2　表面粗さの測定結果（施工前後の比較）

5.7　すべり抵抗性（BPN・動的摩擦係数）

施工前後の路面において，振子式スキッドレジスタンステスタおよびDFテスタによるすべり抵抗測定を実施した．調査状況を**写真-5.7.1**に示す．

写真-5.7.1　調査状況（すべり抵抗測定）

　振子式スキッドレジスタンステスタによるすべり抵抗値（BPN）の測定結果を**図-5.7.1**に示す．BPNは，舗装調査・試験法便覧における補正式[1]（5.7.1）を用いて温度補正を行った結果である．

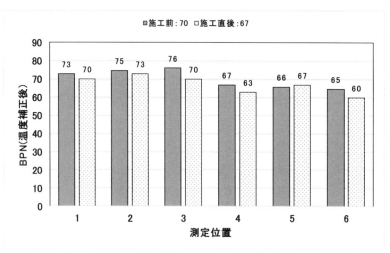

図-5.7.1　すべり抵抗値（BPN）

$$C_{20} = -0.0071t^2 + 0.9301t - 15.79 + C_t \tag{5.7.1}$$

ここに，C_{20}：20℃に補正したBPN，C_t：路面の表面温度t℃の時のBPN，t：路面の表面温度(℃)

　参考までに，BPNによる評価を用いた例として，舗装設計施工指針では「舗装材料のすべり抵抗性に関して湿潤路面で歩行者や自転車がすべりやすさを感じない抵抗値の目標としてBPN値で40以上とすることがある．」とされており[2]，地方自治体などで準用されている．車道部のすべり抵抗値は，NEXCO規格ではBPN値で60以上（暫定運用値）とされており[3]，維持修繕で舗装を切削オーバーレイした後の管理として実施されている．

　新屋橋における測定結果は全てBPN60以上を満足しており，歩道および車道の目標値を満足した．施工前後の比較では，施工前よりややすべり抵抗値（BPN）が低下しているが，ほぼ同等とみなせるレベルであった．

　図-5.7.2には，回転式すべり抵抗測定器（DFテスタ）による動的摩擦係数の測定結果を示す．

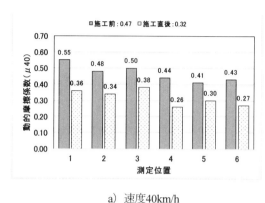

a) 速度40km/h

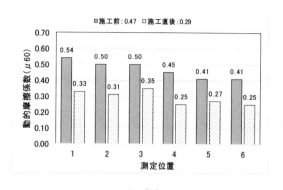

b) 速度60km/h

図-5.7.2 動的摩擦係数

参考までに,動的摩擦係数による評価を用いた例として,NEXCO 規格では,アスファルト混合物の種類で異なるが,新設の管理基準値は 80km/h の条件で 0.25 以上もしくは 0.35 以上が設定されている[3].また,道路維持修繕要綱によると,アスファルト舗装およびコンクリート舗装に対する維持修繕要否判断の目標値の 1 つとして,すべり抵抗測定車によるすべり摩擦係数 0.25 を示している[4].この目標値の条件は,自動車専用道路では 80km/h,一般道路では 60km/h,路面は湿潤状態である.すべり摩擦係数と動的摩擦係数の相関性については,舗装調査・試験法便覧に速度が 40km/h および 60km/h では相関性が認められており,式 (5.7.2) および式 (5.7.3) に示す関係式が示されている.

$$\mu_{\mathrm{DFT}} = 1.143\mu_{FMV} - 0.124 \quad (\text{速度40km/h}) \tag{5.7.2}$$
$$\mu_{\mathrm{DFT}} = 0.878\mu_{FMV} - 0.101 \quad (\text{速度60km/h}) \tag{5.7.3}$$

ここに,μ_{DFT}:DFテスタによる動的摩擦係数,μ_{FMV}:すべり抵抗測定車によるすべり摩擦係数

式 (5.7.2) および式 (5.7.3) を用いて求めたすべり摩擦係数を**表-5.7.1**に示す.測定結果は,動的摩擦係数は0.25を超え,すべり摩擦係数に換算した結果も0.25を超えており,目標値を満足した.試験施工前後の比較では,施工前の舗装よりも低い結果であった.

表-5.7.1 すべり摩擦係数の換算値

	速度40km/h		速度60km/h	
	動的摩擦係数 $\mu 40$	すべり摩擦係数	動的摩擦係数 $\mu 60$	すべり摩擦係数
施工前	0.47	0.52	0.47	0.65
施工直後	0.32	0.39	0.29	0.45

【第5章 参考文献】

3) 日本道路協会:平成 31 年版 舗装調査・試験法便覧,2019.3.

4) 日本道路協会:舗装設計施工指針,2006.2.

5) 東日本高速道路㈱・中日本高速道路㈱・西日本高速道路㈱:舗装施工管理要領,2017.7.

6) 日本道路協会:道路維持修繕要綱,1978.7.

第6章　床版補強効果の確認

6.1　FWD調査の概要

　新屋橋において試験施工を実施した橋面コンクリート舗装（超速硬型高靱性繊維補強コンクリート）は，既設床版を切削せずに 30mm の増厚施工を行っている．本調査では，30mm の増厚施工による既設床版の補強効果を確認することを目的に，施工前後において FWD（Falling Weight Deflectometer）によるたわみ測定を実施した．たわみ測定については，衝撃荷重を 49kN とし，橋軸直角方向に 5 箇所の変位センサーを配置して計測を行った．なお，両端の変位センサーを縦桁の直上に設置することで，縦桁のたわみ量を差引いて両縦桁の中央地点のたわみ量を算出することとした．調査状況を**写真-6.1.1** に，計測位置図を**図-6.1.1** に示す．本調査における評価方法については，施工前後のたわみ量および先鋭度により評価を行うこととした．

写真-6.1.1　調査状況（FWDによるたわみ測定）

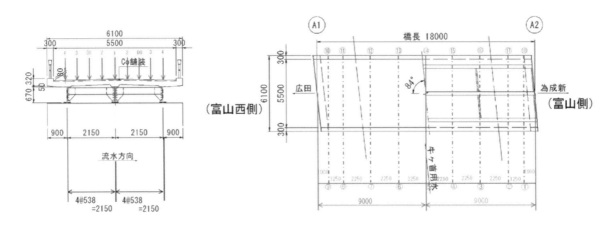

図-6.1.1　測定位置図（FWDによるたわみ測定）

6.2　たわみ量による評価

　施工前後のたわみ量を**図-6.2.1**に，施工前後のたわみ低下率を**図-6.2.2**に示す．施工前後のたわみ量については，施工前が0.08～0.13mm，施工後が0.06～0.09mmであり，たわみ量の減少が確認された．また，施工前後のたわみ低下率については，測点毎のバラツキはあったものの概ね30%程度であり，橋面コンクリート舗装の増厚施工により床版剛性が向上したと判断できる．

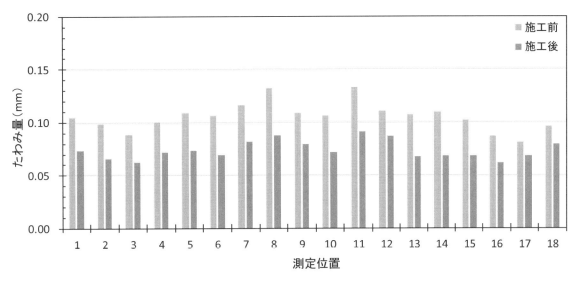

図-6.2.1　たわみ測定結果（施工前後のたわみ量）

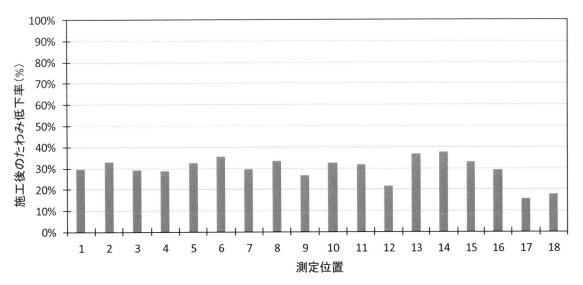

図-6.2.2　たわみ測定結果（施工前後のたわみ低下率）

6.3　先鋭度による評価

　既設コンクリート床版の健全度評価に関する既往の研究[1]において，FWD で測定したたわみ量を用いた先鋭度による評価手法が提案されている．先鋭度とは，たわみ形状を表す指標であり，クラックや砂利化に伴

い床版の水平方向の連続性が失われることで，せん断力による床版のずれが大きくなり，押抜きせん断破壊の指標になると考えられている指標である．本調査においては，先鋭度の既往の閾値は存在しないものの，施工前後の相対比較を行うための参考値の扱いとして算出を試みた．本調査における先鋭度については，橋軸直角方向の5箇所に設置した変位センサーのたわみ量から算出することとし，算出式（6.3.1）を以下に示す．

$$S = \frac{2 \times D3}{D2+D4} \tag{6.3.1}$$

ここに，両端のセンサー位置の距離をLとした場合，
S：先鋭度，D3：2/4L地点のたわみ量（mm）
D2：1/4L 地点のたわみ量（mm），D4：3/4L 地点のたわみ量（mm）

施工前後のたわみ量から算出した先鋭度の算出結果を**図-6.3.1**に示す．

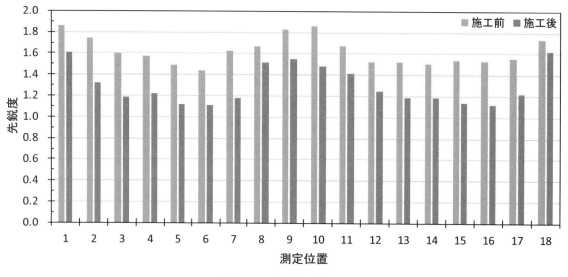

図-6.3.1　先鋭度の算出結果

　全体的な傾向として，施工後の先鋭度については，施工前と比較して0.2〜0.4の範囲で低下しており，橋面コンクリート舗装の増厚施工により先鋭度は低下する結果となった．これは，たわみ低下率の傾向とも概ね一致している．

【第6章　参考文献】

1)　山口恭平，早坂洋平，増田信雄，大西弘志：FWD を用いた RC 床版の健全度評価手法に関する一提案，土木学会構造工学論文集，Vol.61A，2015.3.

第7章　まとめ

　供用中の新屋橋における本試験施工では，道路橋床版の長寿命化を目的とした橋面コンクリート舗装の適用性を検討することを目的とし，超速硬型高靭性繊維補強コンクリートを施工した．また，本試験施工においては，事前調査および既設橋梁の耐荷力照査を行い，施工後の路面調査および橋面コンクリート舗装の施工に伴う床版の補強効果を確認するためのFWD調査も実施した．

　事前調査および既設橋梁の耐荷力照査では，既設床版が健全であることを確認したうえで，復元設計に基づく橋面コンクリート舗装厚の検討，橋面コンクリート舗装施工に伴う耐荷性および疲労耐久性向上の検討を行った．その結果，橋面コンクリート舗装による増厚が30mmであれば，死荷重の増加が実用上問題にならないことを確認し，既設床版の耐荷性および疲労耐久性の向上が見込まれることを試算できた．

　超速硬型高靭性繊維補強コンクリートの施工および施工後の路面調査では，計画どおりに施工ができ，特に初期ひび割れも生じることなく，施工前の状態より平たん性の改善も確認され，すべり抵抗性も実用上問題のないことを確認できた．

　橋面コンクリート舗装の施工に伴う床版の補強効果を確認するためのFWD調査では，施工前のたわみ量が0.08〜0.13mm，施工後のたわみ量が0.06〜0.09mmであり，たわみ量の減少が確認された．また，施工前後のたわみ低下率については，測点毎のバラツキはあったものの概ね30%程度であり，橋面コンクリート舗装の増厚施工により床版剛性が向上したと判断できた．

　以上のことから，超速硬型高靭性繊維補強コンクリートを用いた橋面コンクリート舗装は，実橋梁で適用できる橋面コンクリート舗装技術のひとつであり，道路橋床版の長寿命化に寄与することができる技術であると考えられる．供用2ヶ月後の状況を**写真**-7.1に示す．今後としては，追跡調査を行い，供用性を確認する予定としている．

写真-7.1　新屋橋に施工した橋面コンクリート舗装
（供用2ヶ月後の超速硬型高靭性繊維補強コンクリート）

資料編5
橋面コンクリート舗装の載荷試験事例

第1章　輪荷重走行試験の事例-1

1.1　試験概要

　本検討では老朽化した鋼道路橋 RC 床版の耐疲労性向上を図るために，既設 RC 床版上面に基層あるいは表層としてコンクリート舗装を施す工法に着目し，施工対象を昼夜間連続した交通規制が可能な市町村道の橋梁とした．そして，この施工条件におけるコンクリートには"施工，取扱いが容易"および"ひび割れの少ない"ことを特徴とし，"材齢 24 時間で圧縮強度 24N/mm² を確保できる"を要求性能として開発した超早強性低収縮型樹脂繊維補強コンクリート（以下，PFRC とする）を，打ち継ぎ界面の全面にエポキシ樹脂接着材を塗布した既設 RC 床版に打ち込む工法を提案し，この工法で製作した床版供試体を用いて輪荷重走行疲労実験により疲労耐久性を検証した事例を報告する[1]．なお，本検討で用いられた PFRC は，資料編2 の 2.1 で示されるコンクリートと同一のものである．

1.2　使用材料および補修方法

1.2.1　コンクリート舗装材の配合

　鋼道路橋 RC 床版に適用するコンクリートには，早強セメントに超早強性低収縮型混和材を配合した特殊セメントに有機繊維を 1.27Vol.%で混入した PFRC を適用した．配合条件を表-1.2.1 に示す．なお，比較対象として超速硬セメントを用いた同様な配合も併記する．W/C の決定において PFRC の W/C を 5%変動させた 3 配合の圧縮強度を確認した結果，いずれの配合も材齢 24 時間で道路橋示方書・同解説[2]（以下，道示とする）に規定するコンクリートの設計基準強度 24N/mm²以上を満足する材齢は，W/C45%は約 20 時間，W/C40%が約 15 時間，W/C35%においては 12 時間以前であると推定され，いずれの配合も材齢 91 日まで強度の増進傾向が認められる．W/C と材齢の関係を図-1.2.1 および図-1.2.2 に示す．

表-1.2.1　コンクリートの配合条件

セメントの種類	W/C (%)	S/a (%)	単位量(kg/m³)					減水剤 (C×%)	AE剤 (C×%)
			セメント	水	粗骨材	細骨材	繊維		
特殊セメント	38	55	434	165	919	789	3.64	2	0.003
超速硬セメント	40	51	430	170	851	858	3.64	2	0.003

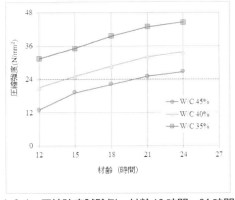

図-1.2.1　圧縮強度試験例；材齢 12 時間～24 時間

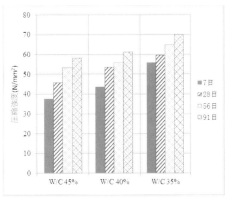

図-1.2.2　圧縮強度試験例；材齢 7 日～91 日

1.2.2 2種類の接着材および特性値

鋼道路橋 RC 床版において橋面舗装をコンクリート舗装とする場合は，床版コンクリートと一体の構造となるように施工しなければならない [2]．この理由は，薄層となるコンクリート舗装が乾燥収縮によりひび割れが生じやすく，橋体の振動，走行車両の車輪から与えられる衝撃，雨水等の浸透などによる剥離のおそれがあるからである．この対策として，老朽化した既設 RC 床版との付着を高耐久に一体化させるため，打ち継ぎ界面に 2 種類の接着材を用いる．打ち継ぎ界面には切削やハツリにおける打撃振動により発生した微細なクラック（マイクロクラック）や老朽化による損傷が生じていることから，この打ち継ぎ界面を強固にする目的で浸透性接着材を研掃面の全面に塗布する．次に，フレッシュコンクリート打ち継ぎ用接着材（以下，打継用接着材とする）を浸透性接着剤に重ねて全面に塗布し，接着材の可使時間内に PFRC を打ち込み，締め固める．2 種類の接着材の塗付量は，浸透性接着材を 0.5kg／m² 以上，打継用接着材は 0.9kg／m² とする．この浸透性接着材および打継用接着材の材料特性を**表-1.2.2**に示す．

表-1.2.2　浸透性接着材および打ち継ぎ用接着材の特性値

項目		浸透性接着材	打継用接着材
外観	主剤	無色液状	白色ペースト状
	硬化剤	無色液状	青色液状
混合比		10 ： 3	5 ： 1
硬化物比重		1.2	1.42
圧縮強度		$104.4N/mm^2$	$102.9N/mm^2$
圧縮弾性係数		$3,172N/mm^2$	$3,976N/mm^2$
曲げ強さ		$92.8N/mm^2$	$41.6N/mm^2$
引張せん断強さ		$58.2N/mm^2$	$14.9N/mm^2$
コンクリート付着強さ		$2.6N/mm^2$	$3.7N/mm^2$以上 または母材破壊

1.3　試験方法

1.3.1　RC 床版供試体の使用材料および供試体寸法

床版供試体に使用するコンクリートの設計基準強度は道示に規定する $24N/mm^2$ を目標とし，普通ポルトランドセメントと細骨材として砕砂，粗骨材として最大寸法20mmの砕石を使用した．また，鉄筋はSD295A，D13 を用いた．

床版供試体の床版厚は，1994 年改定の道示の規定に基づいて B 活荷重および大型車両の 1 日 1 方向の計画交通量から算出した 3/5 モデルとする．供試体の寸法は全長 1,600mm，支間 1,400mm，床版厚 150mm の等方性版である．鉄筋は複鉄筋配置とし，引張側の軸直角方向および軸方向に D13 を 120mm 間隔で配置した．その有効高さは，それぞれ 125mm，115mm である．また，圧縮側には引張鉄筋量の 1/2 を配置した．この床版供試体の名称を RC 床版とする．供試体寸法および鉄筋の配置を**図-1.3.1**に示す．

1.3.2　コンクリート舗装用供試体

コンクリート舗装用供試体は，模擬床版供試体の上面を 10mm 切削してから PFRC を 40mm 厚で打ち込み，全厚を 180mm とする．供試体寸法および鉄筋の配置を**図-1.3.1**に併記する．ここで切削，研掃後

に直接 PFRC を打ち込む従来工法による供試体を RC-PFRC とし，切削，研掃後に浸透性接着材と打継用接着材を全面塗布してから PFRC を打ち込む接着材塗布型工法による供試体を RC-PFRC.A とする．なお，PFRC の製造は移動式プラントを用いた．施工手順を**図-1.3.2**に示す．

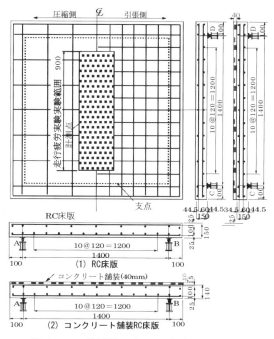

図-1.3.1　供試体寸法および鉄筋配置図

図-1.3.2　コンクリート舗装の施工手順

1.3.3　輪荷重走行疲労実験

　輪荷重走行疲労実験は，RC 床版，コンクリート舗装床版ともに輪荷重を幅 300mm，軸方向 900mm の範囲で繰り返し走行する．初期荷重は RC 床版供試体およびコンクリート舗装供試体ともに 100kN とし，20,000 回走行ごとに荷重を 20,kN 増加する段階荷重載荷で等価走行回数 Neq を算出して疲労耐久性を評価する．等価走行回数の算定式は式 (1.3.1) として与えられる．なお，式 (1.3.1) における基準荷重 P は設計活荷重の 3/5 に安全率 1.2 を考慮した 72kN として等価走行回数を算出する．S-N 曲線の傾きの逆数 m の絶対値には松井らが提案する 12.7 を適用する[3]．また，たわみの計測は輪荷重走行 1, 10, 100, 1,000, 5,000 回および 5,000 回以降は 5,000 回走行ごとに実施する．輪荷重走行試験状況を**写真-1.3.1**に示す．

$$Neq = \sum_{i=1}^{n} (Pi/P)m \times ni \tag{1.3.1}$$

　ただし，Pi：載荷荷重（kN），P：基準荷重（＝72kN），ni：実験走行回数（回），
　　　　 m：S-N 曲線の傾きの逆数の絶対値(＝12.7)

写真-1.3.1 　輪荷重走行試験状況

1.4 　試験結果

1.4.1 　等価走行回数

　輪荷重走行疲労実験における走行回数および等価走行回数を**表-1.4.1**に示す.
RC 床版の輪荷重走行疲労実験における等価走行回数は 12.339×10⁶ 回を基準に,コンクリート舗装した供試体の舗装効果および疲労耐久性を評価する.切削,研掃後に PFRC を直接打ち込む従来工法を施した供試体 RC-PFRC の等価走行回数は 231.599×10⁶ 回となり,RC 床版供試体に比して 18.8 倍となる.一方,浸透性接着材と打継用接着材を全面に塗布した後に PFRC を打ち込んだ接着材塗布型の供試体 RC-PFRC.A は 602.066×10⁶ 回となり,比較対象とする RC 床版供試体の等価走行回数に比して 48.8 倍の等価走行回数が得られている.また,RC 床版に直接コンクリート舗装した供試体 RC-PFRC に比して等価走行回数は 2.6 倍となり,微細なひび割れが発生している打ち継ぎ界面を浸透性接着材で補強し,打継用接着材で PFRC を強固に一体化させることで疲労耐久性が大幅に向上する結果が得られた.

表-1.4.1 　実験走行回数・等価走行回数および等価走行回数比

供試体名称	走行回数	荷重				等価走行回数合計(回)	等価走行回数比
		100kN	120kN	140kN	160kN		
RC	実験走行回数	190,300				12,339,978	－
	等価走行回数	12,339,978					
RC-PFRC	実験走行回数	20,000	20,000	20,000	4,931	232,553,017	18.8
	等価走行回数	1,296,905	13,137,392	93,053,636	125,065,084		
RC-PFRC.A	実験走行回数	20,000	20,000	20,000	19,500	602,066,948	48.8
	等価走行回数	1,296,905	13,137,392	93,053,636	494,579,015		

1.4.2 　たわみと等価走行回数

　たわみと等価走行回数の関係を**図-1.4.1**に示す.
RC 床版供試体のたわみと等価走行回数の関係は,荷重 100kN で 1 走行後の初期たわみ 1.02mm から走行回数の増加に伴い,たわみも線形的に増加し,等価走行回数 12.339×10⁶ 回時点のたわみは 8.3mm である.
この RC 床版供試体に比して供試体 RC-PFRC は,荷重 100kN で 1 走行後の初期たわみは 0.71mm であり,約 70%程度となり,たわみは 3.5mm 超えた付近から増加が大きくなるものの,4.0mm 付近までは線形的

に増加している．そして，破壊時の等価走行回数231.599×10⁶回におけるたわみは6.3mmである．

一方，供試体RC-PFRC.Aは，荷重100kNで1走行後の初期たわみは0.70mm，たわみが3.5mm超えた付近からたわみは著しく増加し，破壊時の等価走行回数602.066×10⁶回におけるたわみは7.1mmである．

よって，RC床版上面にコンクリート舗装が施されることで剛性が高まり，たわみの増加が抑制され，等価走行回数が大幅に増加する結果となった．

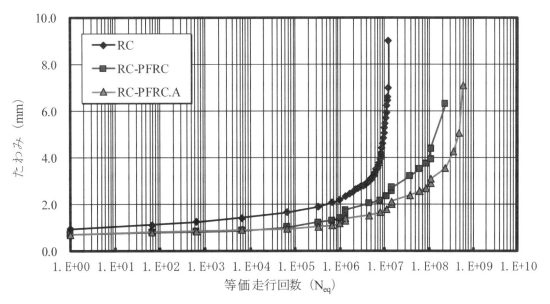

図-1.4.1 たわみと等価走行回数の関係

1.4.3 建研式引張試験機による付着界面の性能

疲労実験終了後にコンクリート舗装は，打ち継ぎ界面の付着性能を建研式引張試験により引張付着強度を計測する．ここで，建研式引張試験の概略および試験位置を**図-1.4.2**，引張付着強度を**表-1.4.2**に示す．

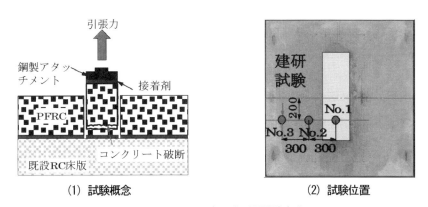

図-1.4.2 建研式引張試験方法

引張付着試験方法における強度の算定は式（1.4.1）として与えられている．

$$fT = P/A \tag{1.4.1}$$

ただし，fT：引張付着強度（N/mm²），P：接着荷重（N），A：接着面積（mm²）

表-1.4.2　建研式引張試験方法による付着強度

供試体名称	採取位置	直径 D(mm)	断面積 A(mm²)	最大荷重 P(kN)	引張強度 f_T(N/mm²)
RC-PFRC	No.1	99.00	7698	0.0 (界面はく離)	0.00
	No.2	99.00	7698	0.0 (界面はく離)	0.00
	No.3	99.00	7698	0.0 (界面はく離)	0.00
RC-PFRC.A	No.1	99.00	7698	0.0 (界面はく離)	0.00
	No.2	99.00	7698	15.3	1.99
	No.3	99.00	7698	18.2	2.36

　表-1.4.2 より PFRC を直接施した供試体 RC-PFRC は，No.1，No.2 および No.3 においてコア削孔中に界面で剥離し，引張強度は 0.0N/mm² である．一方，浸透性接着材と打継用接着材を全面に塗布後に PFRC を打ち込んだ供試体 RC-PFRC.A の付着強度は走行面の No.1 はコア削孔中にはく離し，引張強度は 0.0N/mm² であるが，No.2，No.3 の引張強度は 1.99N/mm²，2.36N/mm² となり，上面増厚補強工法[4]における付着強度 1.0N/mm² を上回っていることが確認された．

1.5　まとめ

(1)　早強セメントに超早強性低収縮型混和剤を添加した特殊セメントを用いた PFRC は要求性能である材齢 1 日で道示に規定するコンクリートの設計基準強度 24N/mm² 以上を確保できる．

(2)　RC 床版に比して上面に PFRC を直接打ち込む舗装の等価走行回数は 18.8 倍，浸透性接着材と打継用接着材を併用した接着剤塗布型 PFRC 舗装の等価走行回数は 48.8 倍となり，いずれの舗装法ともに疲労耐久性が向上される．

(3)　RC 床版上面にコンクリート舗装が施されることで剛性が高まり，たわみの増加が抑制されるが．打ち継ぎ界面を浸透性接着材で補強し，打継用接着材で PFRC を強固に一体化させることで，さらにたわみの増加が抑制されている．

(4)　RC 床版上面に PFRC を直接打ち込むコンクリート舗装では，打ち継ぎ界面の引張強度がなく，剥離が確認された．一方，浸透性接着材と打継用接着材により PFRC を一体化させたコンクリート舗装では，輪走行直下にはく離が生じているが，輪走行面の中央から 30cm の位置では 1.99N/mm² の引張強度が確保され，一体化が確認された．

【第 1 章　参考文献】

1)　阿部忠，伊藤清志，児玉孝喜，小林哲夫，深川克彦：接着剤塗布型橋面コンクリート舗装法における耐疲労性の評価に関する実験研究，土木学会，構造工学論文集 Vol.66A，pp650-661，2020

2)　日本道路協会：道路橋示方書・同解説I, II，2002

3)　松井繁之：道路橋床版設計・施工と維持管理，森北出版，2007.10

4)　高速道路調査会：上面増厚工法設計施工マニュアル，1995.11

第2章 輪荷重走行試験の事例-2

2.1 試験概要

橋面コンクリート舗装と既設床版が一体化し合成断面として機能することにより，繰返し交通荷重に対する疲労耐久性の向上効果が期待できる．この効果を実証するため，速硬型ラテックス改質コンクリート(以下，LMC)を用いて輪荷重走行試験機による評価が行われた事例[1]を紹介する．なお，本検討で用いられた LMC は，資料編2の2.3で示されるコンクリートと同一のものである．

本検討で使用された LMC は，速硬コンクリートに SBR(スチレン・ブタジエンゴム)ラテックスを組み合わせたコンクリートである．カルシウムアルミネート系の速硬性混和材の使用により早期強度発現性を有しており，材齢6時間で24N/mm²以上の圧縮強度を確保可能である．また，SBR ラテックスの混和により曲げ強度や付着強度といった力学性能が向上し，塩化物イオンや中性化などの物質浸透抵抗性にも優れている．**表**-2.1.1に，LMC の配合を示す．

表-2.1.1 LMC の配合

(W+L)/(C+F)	単位量(kg/m³)[*1]					
(%)	W	L	C	F	S	G
33.9	59	115	353	160	769	941

*1 W:上水道水，L:ラテックス混和液，C:普通ポルトランドセメント，F:速硬性混和材，S:砕砂，G:砕石

写真-2.1.1に，輪荷重走行試験状況を示す．輪荷重走行試験には，厚さ16cm の鉄筋コンクリート床版を想定した試験体上に，全厚さで20cm となるよう舗装コンクリートで増厚した試験体を用いた．**図**-2.1.1に試験体の寸法および鉄筋配置図を示す．試験体の寸法は，2650×3300mm とし，上側，下側ともに主鉄筋はD16 を，配力鉄筋は D13 を使用した．鉄筋間隔は主鉄筋は上側260mm，下側130mm，配力鉄筋は上側，下側ともに230mm としている．試験体の作製は次の通りである．まず，呼び強度21N/mm²のレディーミクストコンクリートを厚さ155mm で打込み，母体となる床版コンクリートを作製した．その後，標準養生28日の圧縮強度を確認した後に，ウォータージェットを施し，上面を5mm 程度はつりとった．その後，床版コンクリート上に厚さ50mm の LMC を打込み，最終的に全厚200mm となる輪荷重走行試験用の試験体を作製した．

写真-2.1.1 輪荷重走行試験状況

　輪荷重走行試験における支持条件は，走行方向 2 辺(長辺)は単純支持，走行直角方向 2 辺(短辺)は H175×175 の弾性支持とし，単純支持間隔は 2350mm である．載荷荷重は，110kN からスタートし，走行回数 10 万回以降は 150kN に増加させた後，疲労限界状態に達するまで試験を行った．

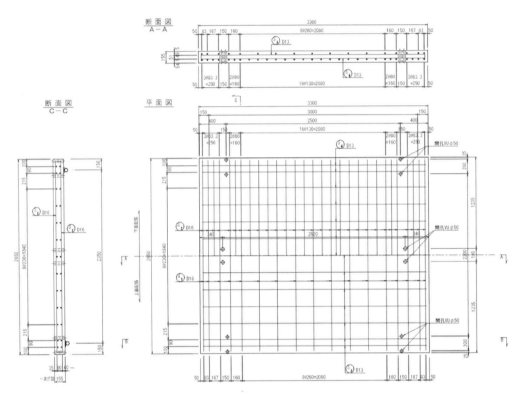

図-2.1.1　試験体寸法および鉄筋配置図

2.2　試験結果

　表-2.2.1 に輪荷重走行試験における走行回数の結果を示す．本検討における走行回数は，段階載荷における走行回数を 150kN による走行回数に換算した等価走行回数で評価した．具体的には，各荷重における走行実績を，マイナー則を仮定した式（2.2.1）により 150kN に換算した際の走行回数[2]として求めた．

$$N_{eq} = \sum \left(P_i / P_0 \right)^m n_i \tag{2.2.1}$$

　ここに，N_{eq}：基本荷重 P_0 に換算した等価繰返し走行回数，P_i：実際に載荷した輪荷重(kN)，
　　P_0：基本輪荷重(150kN)，n_i：輪荷重 P_i の走行回数，m：S-N 曲線の傾きの逆数(12.76)[3]

　図-2.2.1 に，活荷重たわみと等価走行回数の関係を示す．床版上面に LMC を設置した試験体の活荷重たわみは等価走行回数の増加にともない緩やかに増加し，走行回数 30 万回付近より急増し，130 万回で押抜きせん断破壊に至った．なお，図中には比較として，昭和 39 年道路橋示方書に準じて床版厚を 16cm にした試験体について，同様に輪荷重走行試験を行った際の押抜きせん断破壊時の走行回数を併記している．床版厚が 16cm の場合の等価走行回数の約 5 万回と比較すると，LMC による舗装後は約 26 倍となっており，既設コンクリート床版上に LMC を用いたコンクリート橋面舗装を施すことで，疲労耐久性の顕著な向上効果が得られることが確認された．

表-2.2.1　走行回数

荷重(kN)	実走行回数	等価走行回数	等価走行回数　合計
110	100,000	1,911	1,284,347
150	1,282,436	1,282,436	

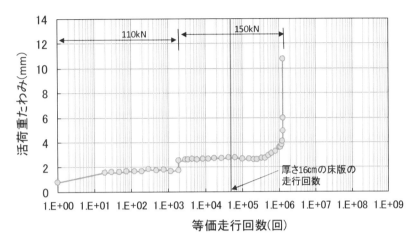

図-2.2.1　活荷重たわみと等価走行回数の関係

2.3　まとめ

　RC 床版上に速硬型ラテックス改質コンクリートを用いた橋面コンクリート舗装を施工した試験体を用いて，輪荷重走行試験を実施した．その結果，橋面コンクリート舗装未施工時と比較して等価走行回数は約 26 倍となり，橋面コンクリート舗装による疲労耐久性の顕著な向上効果が確認された．

【第2章　参考文献】

1)　兵頭彦次，市川裕規，七尾舞，梶尾聡，長塩靖祐，杉山彰徳：ラテックス改質速硬コンクリートを用いた道路橋床版の長寿命化の取組み，セメント・コンクリート，No.867，pp.8-14，2019

2)　土木学会：道路橋床版の設計の合理化と耐久性の向上，2004

3)　松井繁之：橋梁の寿命予測-道路橋 RC 床版の疲労寿命予測，安全工学，Vol.30，No.6，pp.432-440，1991

第 3 章　実橋載荷試験の事例

3.1　試験概要

　超緻密高強度繊維補強コンクリート（以下，本補修材）を用いた床版補修効果を検証するため，実橋梁の床版補修工事に際し，アスファルト舗装を除去した床版の補修前後において，総重量 25 t 程度の試験車（ラフタークレーン）を用いて載荷試験による評価が行われた事例[1] を紹介する．なお，本検討で用いられた超緻密高強度繊維補強コンクリートは，資料編 2 の 2.5 で示されるコンクリートと同一のものである．

　載荷試験を実施した松島橋は，主要地方道舞鶴野原港高浜線の志楽川河口付近に架設された橋梁で，1962 年竣工の本線部と 1982 年竣工の左岸下流側バチ部及び歩道部で構成されている．本橋の一般図を図-3.1.1，橋梁諸元を表-3.1.1 に示す．

　本線部は供用後 55 年を経過し，近隣に工場，海上自衛隊，火力発電所を往復する大型車両が多く，橋面には舗装のひび割れ及びポットホールと床版下面には遊離石灰が生じている状態であった．これまで損傷部はその都度部分補修を実施してきたが，根本的な対策とはなっていなかった．そのため，本工事では長期間の供用に耐えることができるよう床版全面に補修を実施することとし，補修材料は，劣化因子の遮断ができて，かつ，早期の交通解放が可能な本補修材を採用して工事が行われた．

　補修方法は，まず橋面舗装（t=5cm）を通常の切削機により切削し，床版上面 2cm をウォータージェット工法によりはつり取った後，本補修材を打設し，舗装を復旧するものである．補修断面図を図-3.1.2 に示す．

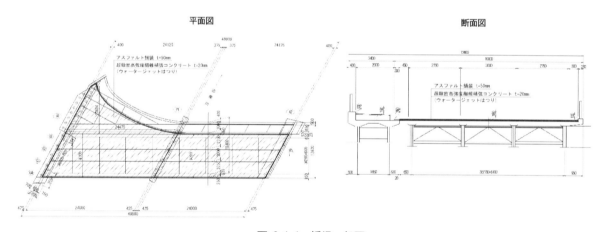

図-3.1.1　橋梁一般図

表-3.1.1　橋梁諸元

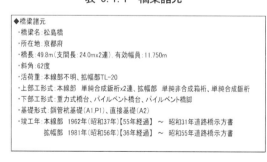

図 3.1.2　補修断面図

3.2　使用材料及び補修方法

　本補修材の材料構成を**写真-3.2.1**に，材料特性を**表-3.2.1**に示す．特徴としては，超緻密構造を構成するため劣化因子が遮断され確実な防水効果が得られる．さらに短時間で高強度を発現するため早期の交通開放が可能である．本補修材を用いた補修では床版部を切削して本補修材を施工するため死荷重の増加がなく，鋼繊維を多量に混入させるためひび割れ抑制効果が大きく耐久性にも優れる．

専用ミックスセメント　補強用メゾ鋼繊維　補強用マイクロ鋼繊維　専用混和剤

写真-3.1.3　使用材料

表-3.2.1　材料特性

圧縮強度	130N/mm2
	(σ24h=100N/mm2)
ヤング係数	40kN/mm2
塩化物イオン浸透深さ	0mm
中性化深さ	0mm
透気係数	$0.001×10^{-16}$m2以下

3.3　試験方法

　載荷試験による計測箇所及び内容は以下のとおりとした．
a）床版の補修前後の床版の剛性の変化を把握するため，床版下面のたわみ量を計測．
b）主桁の補修前後の主桁の荷重配分状況を把握するため，上下フランジ及びウエブのひずみを測定．
c）床版下面における車両走行時のひび割れ幅（開閉，ずれ，段差）の挙動を確認することにより床版の劣化状況を把握するため，床版下面にクラックゲージを設置した．

　試験車の載荷状況を**写真-3.3.1**に，ひび割れ幅計測機器を**写真-3.3.2**に，計測箇所を**図-3.3.1**に示す．停車した状態で床版のたわみと主桁のひずみを計測し，次に走行させた状態で床版下面のひび割れ挙動を計測して，耐荷力などの有用性ついて検証した．

写真-3.3.1　試験車

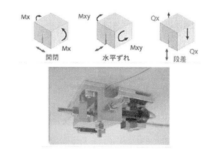

写真-3.3.2　M式3方向クラックゲージ

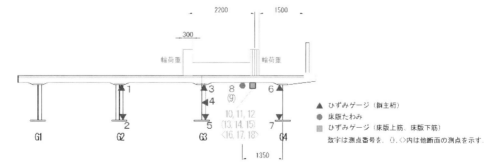

図-3.3.1　計測機器設置位置

3.4　試験結果

a) 床版たわみ

補修前後の床版たわみの変化について**図-3.4.1** に示す．補修前のたわみが−1.37mm であったのに対し，補修後には−0.745mm となり約 46%低減された．

b) 主桁のひずみ

同様に G3 桁のひずみの変化について**図-3.4.2** に示す．フランジに着目すると補修前後のひずみが 107μ から 94μ となり，約 10%軽減された．

また，中立軸においては，上フランジからの距離が補修前 550mm に対し補修後は 305mm になったことから 245mm 中立軸が上昇し，桁と床版の剛性が改善された．

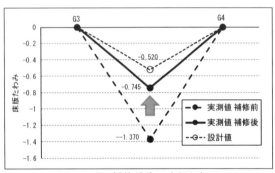

図-3.4.1　補修前後の床版たわみ

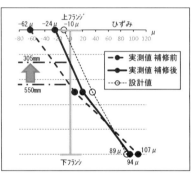

図-3.4.2　補修前後の G3 桁のひずみ

c) 床版下面のひび割れ

定荷重車両を走行させた時の補修前後の床版下面ひび割れ幅（開閉，ずれ，段差）の変化について**図-3.4.3** に示す．図中の縦軸はひび割れ幅（mm），横軸は走行時間（秒）である．

補修前後のひび割れ開閉量（図の振幅高さ）が 0.084mm から 0.055mm となり約 35%軽減された．

補修前後のひび割れずれ量（図の振幅高さ）が 0.057mm から 0.036mm となり約 37%軽減された．

補修前後のひび割れ段差量（図の振幅高さ）が 0.025mm から 0.017mm となり約 32%軽減された．

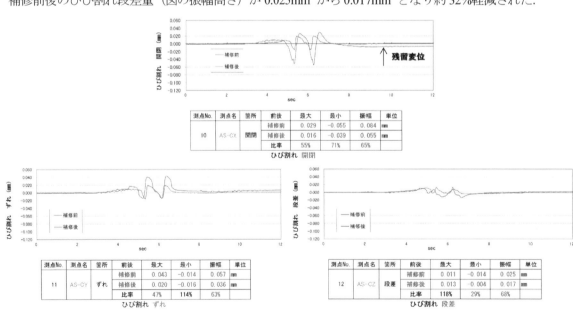

図-3.4.3　補修前後の床版下面のひび割れ（開閉，ずれ，段差）

3.5　まとめ

載荷試験結果より確認された補修前後の効果の総括を以下に示す.

(1) 補修前の測定結果から，補修前の床版の劣化はかなり進行していたと考えられる.

(2) 補修後の床版たわみは補修前に比べ46%の低減がみられた. これは本材料と既設床版が一体化することにより，劣化していた既設床版コンクリートの機能が一部回復したものと考えられる.

(3) 補修前に主桁に働いていた圧縮力が補修後の床版の剛性が向上したことにより，G3桁の圧縮ひずみが小さくなり，中立軸が245mm上昇したことが確認できた. これは床版上部が本補修材と一体化することにより，合成桁本来の機能を一部回復したことで，荷重の分配も改善されたためと考えられる.

(4) 補修により，ひび割れ挙動は開閉，ずれ，段差とも改善されている. これは，本材料と既設床版が一体化されたことにより床版の上下動が抑制されたものと判断される. また補修前には0点へ戻り切らずに生じていた残留変位が改善されている. 一般的に床版の劣化が進行するとひび割れ挙動が走行前の値に戻らず残留変位として表れることから，補修前の床版劣化状況がある程度改善されたものと推測される.

【第3章　参考文献】

1)　常岡信希：超緻密高強度繊維補強コンクリートによる床版補修工事について，国土交通省近畿地方整備局研究発表会，イノベーション部門Ⅰ，2018

執筆担当者

【本編】

第1章　道路橋床版の長寿命化を目的とした橋面コンクリート舗装

【資料編】

鋼・合成構造標準示方書一覧

	書名	発行年月	版型：頁数	本体価格
※	2016年制定 鋼・合成構造標準示方書 総則編・構造計画編・設計編	平成28年7月	A4：414	4,700
※	2018年制定 鋼・合成構造標準示方書 耐震設計編	平成30年9月	A4：338	2,800
※	2018年制定 鋼・合成構造標準示方書 施工編	平成31年1月	A4：180	2,700
※	2019年制定 鋼・合成構造標準示方書 維持管理編	令和1年10月	A4：310	3,000

鋼構造架設設計施工指針

	書名	発行年月	版型：頁数	本体価格
※	鋼構造架設設計施工指針［2012年版］	平成24年5月	A4：280	4,400

鋼構造シリーズ一覧

	号数	書名	発行年月	版型：頁数	本体価格
	1	鋼橋の維持管理のための設備	昭和62年4月	B5：80	
	2	座屈設計ガイドライン	昭和62年11月	B5：309	
	3-A	鋼構造物設計指針 PART A 一般構造物	昭和62年12月	B5：157	
	3-B	鋼構造物設計指針 PART B 特定構造物	昭和62年12月	B5：225	
	4	鋼床版の疲労	平成2年9月	B5：136	
	5	鋼斜張橋－技術とその変遷－	平成2年9月	B5：352	
	6	鋼構造物の終局強度と設計	平成6年7月	B5：146	
	7	鋼橋における劣化現象と損傷の評価	平成8年10月	A4：145	
	8	吊橋－技術とその変遷－	平成8年12月	A4：268	
	9-A	鋼構造物設計指針 PART A 一般構造物	平成9年5月	B5：195	
	9-B	鋼構造物設計指針 PART B 合成構造物	平成9年9月	B5：199	
	10	阪神・淡路大震災における鋼構造物の震災の実態と分析	平成11年5月	A4：271	
	11	ケーブル・スペース構造の基礎と応用	平成11年10月	A4：349	
	12	座屈設計ガイドライン 改訂第2版［2005年版］	平成17年10月	A4：445	
	13	浮体橋の設計指針	平成18年3月	A4：235	
	14	歴史的鋼橋の補修・補強マニュアル	平成18年11月	A4：192	
※	15	高力ボルト摩擦接合継手の設計・施工・維持管理指針（案）	平成18年12月	A4：140	3,200
	16	ケーブルを使った合理化橋梁技術のノウハウ	平成19年3月	A4：332	
	17	道路橋支承部の改善と維持管理技術	平成20年5月	A4：307	
※	18	腐食した鋼構造物の耐久性照査マニュアル	平成21年3月	A4：546	8,000
※	19	鋼床版の疲労［2010年改訂版］	平成22年12月	A4：183	3,000
	20	鋼斜張橋－技術とその変遷－［2010年版］	平成23年2月	A4：273＋CD-ROM	
※	21	鋼橋の品質確保の手引き［2011年版］	平成23年3月	A5：220	1,800
※	22	鋼橋の疲労対策技術	平成25年12月	A4：257	2,600
	23	腐食した鋼構造物の性能回復事例と性能回復設計法	平成26年8月	A4：373	
	24	火災を受けた鋼橋の診断補修ガイドライン	平成27年7月	A4：143	
※	25	道路橋支承部の点検・診断・維持管理技術	平成28年5月	A4：243＋CD-ROM	4,000
※	26	鋼橋の大規模修繕・大規模更新－解説と事例－	平成28年7月	A4：302	3,500
	27	道路橋床版の維持管理マニュアル2016	平成28年10月	A4：186＋CD-ROM	
※	28	道路橋床版防水システムガイドライン2016	平成28年10月	A4：182	2,600
※	29	鋼構造物の長寿命化技術	平成30年3月	A4：262	2,600
※	30	大気環境における鋼構造物の防食性能回復の課題と対策	令和1年7月	A4：578＋DVD-ROM	3,800
※	31	鋼橋の性能照査型維持管理とモニタリング	令和1年9月	A4：227	2,600
※	32	既設鋼構造物の性能評価・回復のための構造解析技術	令和1年9月	A4：240	4,000
※	33	鋼道路橋RC床版更新の設計・施工技術	令和2年4月	A4：275	5,000
※	34	鋼橋の環境振動・騒音に関する予測，評価および対策技術 －振動・騒音のミニマム化を目指して－	令和2年11月	A4：164	3,300
※	35	道路橋床版の維持管理マニュアル2020	令和2年10月	A4：234＋CD-ROM	3,800
※	36	道路橋床版の長寿命化を目的とした橋面コンクリート舗装ガイドライン 2020	令和2年10月	A4：224	2,900

※は、土木学会および丸善出版にて販売中です。価格には別途消費税が加算されます。

定価 3,190 円（本体 2,900 円＋税 10%）

鋼構造シリーズ 36
道路橋床版の長寿命化を目的とした
橋面コンクリート舗装ガイドライン 2020

令和 2 年 10 月 23 日　第 1 版・第 1 刷発行
令和 3 年 2 月 15 日　第 1 版・第 2 刷発行
令和 3 年 4 月 30 日　第 1 版・第 3 刷発行
令和 6 年 10 月 2 日　第 1 版・第 4 刷発行

編集者……公益社団法人　土木学会　鋼構造委員会
　　　　　道路橋床版の点検診断の高度化と長寿命化技術に関する小委員会
　　　　　委員長　橘　吉宏
発行者……公益社団法人　土木学会　専務理事　三輪　準二

発行所……公益社団法人　土木学会
　　　　　〒160-0004　東京都新宿区四谷 1 丁目無番地
　　　　　TEL　03-3355-3444　FAX　03-5379-2769
　　　　　https://www.jsce.or.jp/
発売所……丸善出版株式会社
　　　　　〒101-0051　東京都千代田区神田神保町 2-17　神田神保町ビル
　　　　　TEL　03-3512-3256　FAX　03-3512-3270

©JSCE2020／Committee on Steel Structures
ISBN978-4-8106-1026-0
印刷・製本・用紙：（株）大應

購入者アンケートのお願い

公益社団法人土木学会　鋼構造委員会

道路橋床版の点検診断の高度化と長寿命化に関する小委員会

　このたびは，「鋼構造シリーズ 36　道路橋床版の長寿命化を目的とした橋面コンクリート舗装ガイドライン 2020」をお買い上げいただき，誠にありがとうございました。

　本書の今後の改訂および委員会活動の参考とさせていただきたく，アンケートへのご協力をお願いいたします。下記 URL もしくは QR コードより，当小員会ホームページのアンケートフォームにご入力をお願いいたします。

　なお，いただいた情報・ご意見は本書の今後の改訂および委員会活動の参考にのみ使用するものとし，ご意見に対する回答はできかねますことをご了承ください。

◆アンケートフォーム

URL : http://committees.jsce.or.jp/steel28/node/24

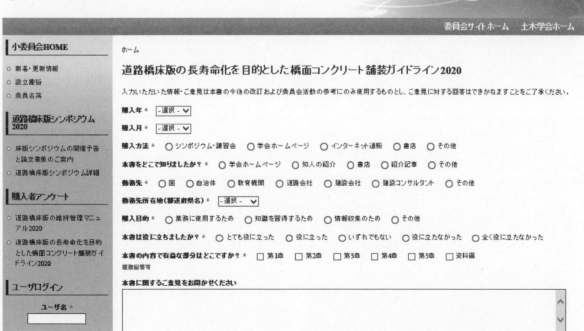